# 軍艦進化論

ペリー黒船艦隊から
ウクライナ戦争無人艦隊まで

佐々木孝博
Takahiro Sasaki

## まえがき

ロシア・ウクライナ戦争が二〇二二年二月二四日に勃発し、ロシアは、軍事・非軍事、正規軍・非正規軍、対称戦・非対称戦など、あらゆる領域であらゆる手段を用いて国益を勝ち取るというような「全領域戦（西側諸国ではとくに非軍事手段を重視することに着目し「ハイブリッド戦」と呼称）」を実践に移している。

筆者は、あらゆる手段・領域を用い国益を獲得するというような今次戦争から、各種の教訓を見出すことで、「現代戦がどのように実践されているのか」「近未来戦ではどのようなことを考慮しなくてはいけないのか」などを中心として調査・研究している。

そのような情勢のもと、育鵬社の田中亨氏から、海上自衛隊OBの筆者に対して、今回のロシア・ウクライナ戦争を含めて、海軍の艦艇（軍艦）というものは、「技術革新」や「実践に移された各種の紛争や戦争」を経てどのように進化してきたのかということを、軍事の専門家でなくても理解しやすいように、改めてまとめてみることはできないかとの提案があった。

海軍の創成期から第二次世界大戦、戦後の米ソ冷戦までにかけては、さまざまな軍事研究家によって詳細な研究がなされており、数多くの著名な先行研究がある。しかしながら、米ソ冷戦後の国際枠組みのなかで海軍艦艇の進化というものは続いており、さらにここ数年、ＡＩ（人工知能）化、ＩＴ（情報技術）化、無人化などの技術革新を経て、海上での戦い方もブレイクスルー的に進化しつつある。

そんな現代戦・近未来戦における艦艇の進化については、系統立てて分析された先行研究は少ない。とくに、現代戦・近未来戦を視点に分析されたものは、まだ詳細にわたる本格的な研究には至っていないと言っていいだろう。

そのような見地から、是非ともまとめてみようと思い、筆を執った次第である。

第二次世界大戦時までの先行研究は、筆者が防衛大学校の学生時代、戦史を学んだ際に師事した野村實氏の研究が顕著な成果を収めている。

野村氏は、一九四二年一一月、海軍兵学校の第七一期生として次席で卒業し、戦艦「武蔵」の勤務をはじめとして、航空母艦「瑞鶴《ずいかく》」乗組、軍令部作戦記録係などの勤務を経て、終戦時には海軍兵学校教官であった。

戦後は、長らく防衛研究所で戦史の研究に従事した。一九八三年には防衛大学校の教授に就任し（筆者は一九八二年に防衛大学校に入校、一九八六年に卒業）、戦史教育に従事した海戦史の専門家である。

野村氏が一九八五年に執筆した『海戦史に学ぶ』（文藝春秋）[*1]は、平易な表現で執筆されており、軍事専門家以外の方々にも容易に理解できるように配慮されている。

この書で野村氏が「あとがき」のなかで懸念していたのは、〈一九八三年に防衛大学校教授として着任してみて、現在の青年たちが歴史について、「疎い」ことをしみじみと感じた。〉ということである。

筆者自身も野村氏から見ると、「現在の歴史に疎い青年（当時）」の範疇《はんちゅう》の学生であったかもしれない。

そのような野村氏の懸念を自覚していたこともあり、筆者も野村氏の講義を選択し、

写真１　ペリー提督の黒船艦隊ジオラマ　（横須賀市ペリー記念館展示を筆者撮影）

海戦史を必死に学んだということを、昨日のことのように思い出す次第である（講義の開始時に、著書の裏表紙に野村氏の署名と戦史研究の開始にあたっての「檄《げき》」のひと言をいただいた）。

本書では、「技術革新および戦争・紛争がもたらす軍艦の進化」という問題について、日本海軍の黎明期《れいめいき》と位置づけられる一九世紀後半から現代のロシア・ウクライナ戦争に至るまでを考察していくが、概ね第二次世界大戦時に至るまでは、先に掲げた野村氏の著作など[*2]を基盤として振り返って

＊1　野村實『海戦史に学ぶ』（文藝春秋）一九八五年。その後、一九九四年に文庫版（文春文庫）が、二〇一四年に新書版（祥伝社新書）が刊行された

写真２　日露戦争当時の連合艦隊旗艦戦艦「三笠《みかさ》」
（出典：三笠公園係留中の記念艦「三笠」を筆者撮影）

みたい。

その後については、海上自衛隊の幹部として、また、防衛省退官後にアカデミアの立場で調査研究してきた内容を中心に、主として公開情報を基に考察していきたい。

さて、本書の主題である軍艦の歴史というものは、「戦争・紛争」とともに、そして、それを支える「技術革新」とともにあると言っていいだろう。すなわち、戦争・紛争があることで軍艦は発達してきたということだ。

そこで、まず、第一章では、海軍黎明期の軍艦（とくに米国・ペリー提督の黒船艦隊、ロシア・プチャーチン提督の訪日艦隊と明治初期の日本の軍艦）について概観する。

この期の軍艦は、主力が「帆船」であった時代が一九世紀半ばまで続き、その後、蒸気機関が大型船に搭載され、軍艦は天候・風力によらず、自由に行動できるようになった。その「蒸気船」も当初は「外輪船」が主体であったが、外輪そのものが攻撃目標となり、それが破壊されると航行できなくなるという脆弱性《ぜいじゃくせい》が明らかになったことから、水面下で駆動する「スクリューによる蒸気船」が開発された。

このような海軍の黎明期における軍艦の進化を史実に基づき考察していく。

そして、第二章では、日清・日露戦争時の軍艦を考察する。

この時代になると、大砲の性能が向上し、それを搭載するために軍艦は大型化していった。また、旋回砲塔の採用により、舷側《げんそく》に大砲を並べた時代から、艦の前後に主砲、舷側に副砲を配置する艦型（主砲同一線上化）に進化していった。

これは「コロンブスの卵」的な発想であり、旋回しない砲塔を艦の側面（横）に配備していた軍艦では、敵艦艇の方向に面していない方向の大砲は使うことができないという根本的な問題を抱えており、旋回できる砲塔を艦の中央線の同一線上に配置することで左右どちらからも攻撃できるようになったということだ。「日露戦争当時までの軍艦」は、概ねこの形式が標準艦型となったと言えるだろう。

このような情勢を、軍艦に積極的に取り入れられた技術を中心に考察していく。

第三章では、建艦競争期の軍艦と海軍軍縮条約期の軍艦を見ていく。

この時代に入ると、各国海軍は、建艦競争に突入し、より大きな艦、より大きな大砲を搭載する艦を競って建造するようになった。より大きな軍艦を保有し、より大きな大砲を

＊2　野村氏の著作のほかには、椎野八束編集『日本海軍艦艇』（新人物往来社）二〇〇二年一一月、および太平洋戦争研究会編、森山康平著『日本海軍がよくわかる事典――その組織、機能から兵器、生活まで』（PHP文庫）二〇〇二年七月を参考とした

搭載する軍艦を数多く保有することが、国益の達成には不可欠だとの考え方が主流になったためである。

　そのような建艦競争のもと、その最先端を走っていたのが英国海軍である。とくに、近代海軍の軍艦の基になったと言われているのが、英国海軍が一九〇六年に建造した「ドレッドノート級戦艦」である。単一口径の三〇センチ主砲を一〇門備えて、かつ高速力（二一ノット：それまでの主力艦の速力は一八ノット）をもつドレッドノート級は、それまでの既存の戦艦を一気に旧式化してしまった。

　各国はこの艦にならって、ドレッドノート級戦艦（ド〔弩〕級戦艦）と称される軍

写真３　英国海軍戦艦「ドレッドノート」
（出典：Naval History and Heritage Command、パブリックドメインから）

艦を続々と建造した。そして、主砲の口径を増大させた「超ド（弩）級戦艦（超ドレッドノート級戦艦）」の時代となった。

その後、第一次世界大戦を経て、海軍の主力は英国から米国に移っていき、米国の主導で「ワシントン海軍軍縮条約」[*3]が合意されるに至った。「ワシントン条約」では、米国、英国、日本、フランス、イタリアの海軍主要国（第一次世界大戦の敗戦により凋落《ちょうらく》したドイツおよび社会主義革命直後のロシアは招集されなかった）が保有する主力艦の比率を、五：五：三：一・七五：一・七五とした。これによって、米国および日本の保有戦艦は主力艦一八隻と補助艦一〇隻に制限された（補助艦の軍縮については、引きつづき行われた「ロンドン海軍軍縮条約」[*4]による）。

日本は、これらの軍縮条約が機能していた建艦休止期間ののち、満洲国建国を巡って一

＊3　「ワシントン海軍軍縮条約」とは、一九二二年成立した海軍軍縮条約。主力艦の総トン数比率を、米・英・日・仏・伊の間で、五：五：三：一・七五：一・七五と定めた。日本では対米七割を求める軍部の反対が根強く、戦時体制が強まるなか、一九三四年一二月に破棄を通告、一九三六年に同条約は失効した

＊4　「ロンドン海軍軍縮条約」とは、一九三〇年、ワシントン会議に続く海軍軍縮のための国際会議、ロンドン海軍軍縮会議で締結された条約。米・英・日三国間の補助艦の比率をほぼ一〇：一〇：七と定めた。一九三六年に日本は会議を脱退し、会議は期限切れとなって消滅した

九三三年には国際連盟を脱退した。そして、一九三六年には海軍軍縮条約からも脱退し、再び海軍力の強化に向かった。軍縮条約を脱退することで、再び米国との無制限な建艦競争に突入してしまったということだ。条約破棄後、超弩級戦艦として究極の四六センチ砲搭載、世界最大の戦艦「大和《やまと》」を建造するに至った。

この時代の軍艦の変遷を、時系列に沿って明らかにしていく。

そして、第四章では、第二次世界大戦時の軍艦の進化について考察していく。

第二次世界大戦時の各海戦（真珠湾攻撃、マレー沖海戦、珊瑚海《さんごかい》海戦、ミッドウエー海戦、マリアナ沖海戦、レイテ沖（比島沖）海戦など）を通じて、海軍艦艇の主役は、航空機の発達とそれを運用する「航空母艦（空母）」の充実、また「潜水艦」の発達により、

写真４　第２次世界大戦当時の世界最大の戦艦「大和」
（出典：Naval History and Heritage Command、パブリックドメインから）

「戦艦」から「空母」や「潜水艦」に移り変わっていく。それをいみじくも証明してしまったのが日本海軍であった。

第二次世界大戦開戦当初、空母に搭載した航空部隊が陸上施設を壊滅させたり、軍艦を攻撃して沈めてしまうという戦術は各国海軍では主流の考え方ではなかった。すなわち、大きな戦艦同士の艦隊が巨砲を撃ち合って雌雄を決するという「大艦巨砲主義」が主流であった。

当時、最大の戦艦を保有する日本海軍がその戦力を最大限に活用するのではなく、航空部隊を全幅活用することにより、対陸上、対水上の戦闘の勝敗を左右できるということを、「真珠湾攻撃」や「マレー沖海戦」などの第二次世界大戦の緒戦で証明してしまったのである。その構想を実行に移した背景には、海軍航空本部長を経験し、開戦当初には連合艦隊司令長官であった山本《やまもと》五十六《いそろく》大将によるところが大きい。

それらの状況を第二次世界大戦中に行われた各海戦の状況を詳細に見ていくことで明らかにしていく。

続く、第五章では、第二次世界大戦後から米ソ冷戦期の軍艦について考察していく。第二次世界大戦後、長らく空母機動部隊とそれを支援する潜水艦の作戦が主流となった。

空母機動部隊に対抗する戦力としては、潜水艦が台頭し、米ソ両国は攻撃型原子力潜水艦を多数建造するようになった。この潜水艦の脅威を排除するために、各国は対潜水艦の水上艦艇を多数保有するようにもなった。

このような、水上艦艇の主力が変わっていくなか、それに対抗するための「多種・多用途のミサイル（巡航ミサイル・弾道ミサイル）」が出現した。水上艦艇の脅威が航空攻撃からミサイル攻撃に移行していくなかで、旧ソ連は、米国の空母機動部隊を撃滅するために、多種・多用途の対艦ミサイルを大量に用い、異方向から同時に大量のミサイルを撃ち込む作戦を採用した。つまり、空母機動部隊の対空対処能力を飽和させることで空母を撃滅することを企図した

写真5　真珠湾攻撃で多大な成果を収めた空母「赤城《あかぎ》」
（出典：Naval History and Heritage Command、パブリックドメインから）

のだ。

そのような旧ソ連の大量のミサイルによる同時攻撃に対処するために建造されたのが「イージス艦」である。イージス艦は最新のコンピュータ化されたフェーズドアレイレーダー[*5]を用い、捜索用レーダーと追尾用レーダーを一体化することで、ほぼ同時に異方向からくる複数のミサイルに対処できるようになった。

このような情勢を技術革新と対比しながら明らかにしていく
第六章では、ポスト冷戦期の軍艦についてみていく。

イージス艦の登場後、同艦の高度なミサイル防衛網を突破するために、中国、ロシア、北朝鮮といった国は、極超音速の「弾道ミサイル」や「巡航ミサイル」を開発している。

これに対抗しようとする西側諸国では、イージス艦を弾道ミサイルに対処できるように改修を行い、対応しようとしている。また、防御面の技術進化を鑑みると、各国ともレー

＊5 「フェーズドアレイレーダー」とは、目標の方位・高度・距離の測定を同時に行えるレーダーシステムのひとつ。多数の放射素子を平面上に配列したアンテナをもち、従来のようにアンテナを回転することなく、放射素子についている移送器を電子的に制御することにより、アンテナのビームを形成すると同時に、一面のアンテナで九〇度以上の広範囲をカバーでき、ビーム走査に基づき、目標を捕捉のみならず、追尾もできる

ダーに探知されないステルス艦の建造に注力している状況も窺《うかが》える。

このような現代の軍艦のトレンドにも通ずる情勢を、攻撃技術と防御技術に焦点を当て考察していく。

さらに、現代戦に対応するため主要各国がもつ海軍戦略を読み解くとともに、それに則り建造している各国海軍艦艇の状況を明らかにしていく。

第六章まで、攻撃と防御の技術革新を中心とした軍艦の進化について触れてきたが、近年、ブレイクスルー的な軍事技術革新が起こりつつある。それは、ＡＩ化により、軍艦は無人化・自律化することが見積られるということだ。

最終の第七章では、このようなブレイクスルー的な軍事技術革新が軍艦の進化に及ぼした影響について、とくに、「有人艦艇から無人化艦艇・ＡＩ化艦艇

写真６　筆者が第８護衛隊司令として指揮した海上自衛隊イージス艦「きりしま」

（出典：防衛省 HP）

の時代へ」と題して考察していく。

それらのトリガーになりつつあるのが、ロシア・ウクライナ戦争で使用されはじめた「ＵＳＶ（無人水上ビークル）」「ＵＵＶ（無人潜水ビークル）」である。

これらのビークルを活用することにより、ウクライナ軍はロシア海軍黒海艦隊艦艇に打撃を与え、ロシアによる海上優勢の確保に制限を課している。数的に圧倒的に不利な海軍力のウクライナ軍が、少数精鋭の無人艦隊により、強力な艦艇を保有するロシア海軍に一矢を報いているということだ。軍事技術の大幅な革新が、ウクライナの弱者の戦いを支えていると言っていいだろう。

現在、出現しているＵＳＶやＵＵＶは、サイズ的には艦艇というよりは攻撃兵器・捜索兵器レベルであるかもしれないが、各国の防衛産業ではすでに大型の艦艇レベルの無人化されたＵＳＶ、ＵＵＶを開発している状況にあることが一部の報道からも明らかとなっている。

近未来戦における艦艇の趨勢《すうせい》は、ＡＩ化・無人化にあると言っても過言ではないであろう。

このような近未来戦における軍艦の情勢見積りを、ＡＩ化技術・無人化技術に焦点を当て考察していく。

尚、本書はテーマの性格上、どうしても専門的な用語が頻出する。巻末（２４８頁）に専門用語、略称、簡単な説明を掲載したので、適宜活用していただきたい。

本書は、このような特色のある書籍である。読者の皆さんが、「軍艦というものが技術革新や戦争・紛争を経てどのように進化してきたのか」「現代戦や近未来戦においては、どのように進化していく見積りにあるのか」といった問題を理解する際の一助となれば幸いである。

二〇二四年三月

佐々木孝博

# 第一章　海軍黎明期の軍艦

## どの時代から考察するか

本書で主眼とする「技術革新および戦争・紛争がもたらす軍艦の進化」という命題に取り組むにあたって、まず、どの年代まで遡《さかのぼ》ればいいのかの疑問が生じてくる。

この命題に関する先行研究は、「まえがき」で触れたように多々あるが、その多くは、いわゆる海軍黎明期《れいめいき》（とくに日本における）に端を発するものである。加えて、筆者の本来の専門は、ロシアの軍事・安全保障問題でもある。

そのようなバックグラウンドから、海軍黎明期における米国のペリー黒船艦隊の訪日、ロシアのプチャーチン提督の訪日の時代に遡って、本命題を解明するための取り掛かりにしていきたいと思う。

## 軍艦と艦艇（用語の意味）

また、本書のタイトルに掲げた「軍艦」という用語の定義について、少し考えてみたい。「軍艦」の用語は、読んで字のごとく「軍（海軍）に属する艦」と一般的には捉えられていると思う。しかし、海軍では創設期より諸規則（艦艇の「類別等級標準」など）で細分化されていた。

明治初期（一八七三年）に制定された規則では、海軍が保有する船の種類を「軍艦」と「運送艦」のふたつに類別していた。当時は、この程度の分類でとくに問題はなく、軍艦は「〇〇艦」、運送艦は「〇〇丸」と呼称されていた。

時代が進むにつれ、海軍の保有する船は、その大きさ、役割などによって、さらに細分化されることになった。明治三一年（一八九八年）に定められた規則によれば、「軍艦」（「戦艦」「巡洋艦」「海防艦」「砲艦」「通報艦」および「水雷母艦」）とそれ以外の船に分類された。

その後、大正時代の改訂を経て、第二次世界大戦時には、海軍の保有する船は、「艦艇」「特務艦艇」「雑役船」および「特設艦船」の四種に分類された。

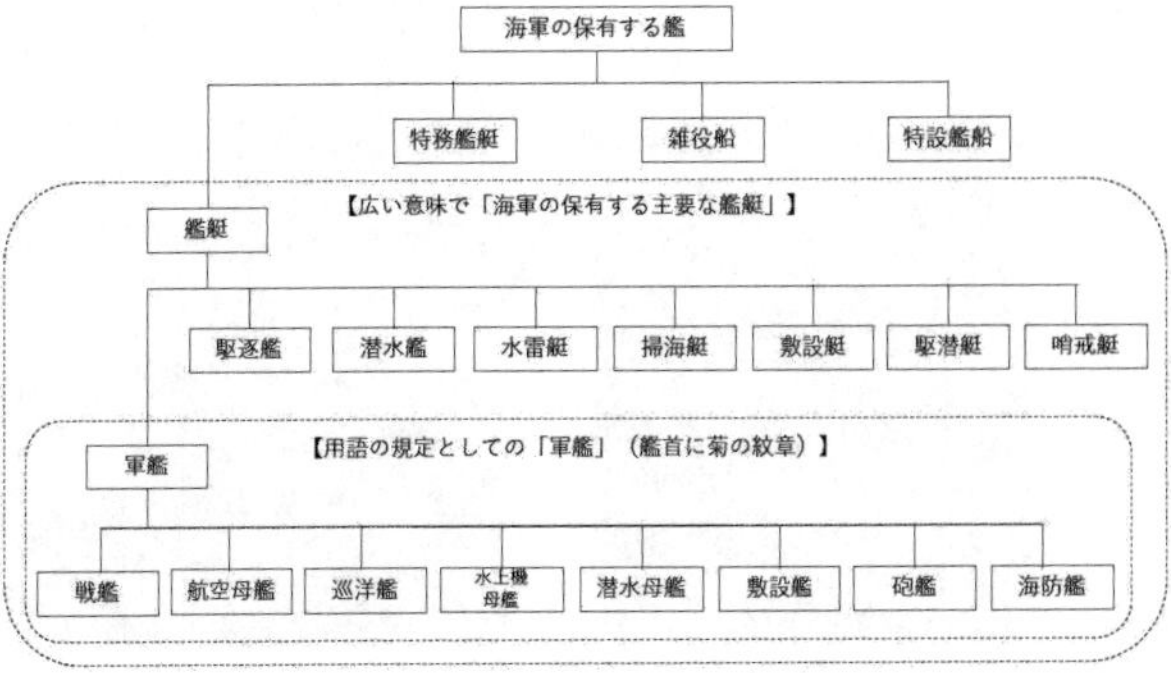


図1　海軍の保有する艦に関する定義：第2次世界大戦時　（出典：筆者作成）

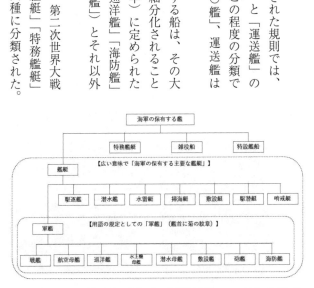

さらに、区分は細分化されており、「艦艇」は、「軍艦」「駆逐艦」「潜水艦」「水雷艇」「掃海艇」「敷設《ふせつ》艇」「駆潜《くせん》艇」および「哨戒《しょうかい》艇」とされた。加えて、そのうちのひとつ、「軍艦」は、「戦艦」「航空母艦（空母）」「巡洋艦」「水上機母艦」「潜水母艦」「敷設艦」「練習戦艦」「練習巡洋艦」「砲艦」「海防艦」などとされた。そして、この「軍艦」のみが艦首に「菊の御紋」を装備することができたのである[*6]（写真1参照）。

第二次世界大戦後も船の種類は、各国の諸事情、その後の任務の多様化や大きさの進化にともないさまざまな解釈や規定がなされることとなったが、本書では、第二次世界大戦時に定義されていた「軍艦」とほぼ同義に、また、一部では少し拡大解釈して「海軍の保有する主要な艦艇」との意味で言及していくこととする。

写真1　連合艦隊旗艦「三笠《みかさ》」艦首の「菊の御紋」

（出典：記念艦「三笠」および艦内展示を筆者撮影）

## 米国・ペリー提督の黒船艦隊の訪日*7

一八五二年一月、米国のマシュー・ペリー提督は、東インド艦隊司令長官に任命された。そして、フィルモア米国大統領から「日本を開国させるべし」との任務が付与された。

その目的は、「北太平洋で活動している米国の捕鯨船の補給基地を確保すること」「石炭補給拠点を確保すること」「日本に対して開国を迫り、貿易を求め、通商関係を結ぶこと」であった。

＊6　椎野八束編集『日本海軍艦艇』（新人物往来社）二〇〇二年一一月、五頁

＊7　この項、横須賀市『ペリー公園（記念館）パンフレット』および同記念館の展示を基に記載

図2　ペリー黒船艦隊旗艦「サスケハナ号」（左）
（出典：US Naval History and Heritage Command、パブリックドメインから）

同年一一月、大統領の親書を携え、ペリー提督は、蒸気船「ミシシッピー号」に乗艦し、ノーフォーク港——米東海岸、現在は米海軍の主要な海軍基地——を出港した。大西洋を横断し、アフリカ南端、セイロン（現在のスリランカ）、シンガポール、香港、沖縄などを経由、途中で同じく蒸気船の「サスケハナ号」、帆船の「サラトガ号」「プリマス号」と合流し、合計四隻で浦賀に向かった。

四隻の詳細を上陸地でもある横須賀市久里浜所在の「ペリー記念館」の展示を基に記載する。

〈【ペリー黒船艦隊の編成】
①蒸気船「サスケハナ号」旗艦（全長二五七フィート、二四五〇トン、大砲六門）
②蒸気船「ミシシッピー号」（全長二二五フィート、一六九二トン、大砲一二門）
③帆船「プリマス号」（全長一四七フィート、九八九トン、大砲四門）
④帆船「サラトガ号」（全長一五〇フィート、八八二トン、大砲四門）〉

嘉永六年（一八五三年）七月八日、ペリー艦隊の四隻は浦賀沖に到着した。艦隊のうち二隻は帆船であったが、二隻は外輪蒸気船（鉄骨製で甲板は木製）であり、日本国民は見たこともない自走式の大型の軍艦を目の当たりにし、驚愕《きょうがく》した。

七月一一日には、「ミシシッピー号」で江戸湾（現在の東京湾）のなかまで入り込み圧力をかけたため、幕府は米大統領の親書を受け取ることとした。その結果、ペリーは久里浜に上陸してフィルモア大統領の親書を幕府の代表に手交した。そして、その回答を受けるために翌年に再度訪日することを約束して、一旦日本を離れた。

翌嘉永七年（一八五四年）二月一一日、旗艦「サスケハナ号」など軍艦七隻と輸送船三隻の艦隊で再度訪日し、さらに圧力を加えたうえで、我が国最初の和親条約（我が国にとっては不平等条約）を結ぶことに成功した。[*8]

嘉永七年に来航した艦隊は、前年に来航した四隻に加え、三隻の軍艦――蒸気船「ポウハタン号」、帆船「マセドニアン号」、帆船「バンダリア号」と、三隻の輸送船――帆船「サザンプトン号」、帆船「レキシントン号」および帆船「サプライ号」であった。

＊8　野村實『海戦史に学ぶ』（祥伝社新書）二〇―二三頁

## ロシア・プチャーチン提督の訪日艦隊[*9]

一方、北で国境を接するロシアも日本に開国を迫るべく行動を起こした。一八五二年一〇月、当時の帝政ロシア皇帝のニコライ一世は、ロシア極東艦隊司令官のプチャーチン提督に対し、日本に向かうよう命じた。

その目的は、「極東および米国のロシア領沿岸における英国・米国を中心とした外国捕鯨船の情報を得ること」「アラスカやカムチャッカ、極東水域で行動中のロシア人が薪水《しんすい》や食料など、生活必要物資を入手できるよう北日本の一港を開港させ、交易の許可を得ること」「日本政府が外国に開

写真２　日露修好 150 周年記念石碑除幕式
（出典：記念艦「三笠」展示を筆者撮影、右下写真：右側筆者）

放した港にロシア船が入港する権利を得ること、つまり最恵国待遇を確保すること」および「友好的な態度で交渉に臨むこと」であった。

そして、同年一一月、旗艦「パルラダ号」は、現在のサンクトペテルブルク近郊のクロンシュタット港を出港した――クロンシュタット港では、筆者が在ロシア防衛駐在官として勤務していた二〇〇五年に、日露修好一五〇周年を記念した石碑の除幕式が行われ、同式典に筆者も参列した（写

＊9　この項、日本財団図書館HP「日露友好一五〇周年記念特別展『ディアナ号の軌跡』報告書　第一章 ディアナ号の来航」〈http://nippon.zaidan.info/seikabutsu/2004/00561/contents/0005.htm〉を基にしている

図3　プチャーチン艦隊旗艦「パルラダ号」
（出典：Central Naval Museum, St. Petersburg, Russia、パブリックドメインから）

真2参照)。これに合わせて、海上自衛隊練習艦隊の練習艦「かしま」がサンクトペテルブルク港を日本の艦艇として史上初めて訪問した。筆者が在ロシア防衛駐在官として勤務していた時期というものは、日露が外交関係を初めて樹立したまさに一五〇年の節目にあたったということだ。

クロンシュタット港を出港した旗艦「パルラダ号」は、英国ポーツマス港――現在も英海軍の主要な軍港――に入港した。ポーツマスにおいて、修理したあと、英国で購入した「ボストーク号」(蒸気スクリュー船)を従えてポーツマスを出港し、日本を目指した。ペリー艦隊と同様アフリカ南端を周り、セイロン、フィリピンを経由、父島で「オリバーツァ号」(帆船)、

図4　プチャーチン乗艦「ディアナ号」沈没の画
(出典:Diana Wreckage Illustrated London News 1856、パブリックドメインから)

「メンシコフ号」（帆船）と合流した。

江戸に直接向かって圧力をかけた米国のペリー艦隊とは違い、あくまで、紳士的な態度を日本に見せるため——現在のロシアによるウクライナ侵攻の事象を鑑みると隔世の感があるが……——当時の対外的な窓口であった長崎にまずは向かった。

長崎訪問は、ドイツ人医師シーボルト[*10]の提言でもあった。長崎奉行大澤豊後守《おおさわぶんごのかみ》に親書を渡し、江戸から幕府の全権代表が到着するのを待った。そして、長崎で幕府側全権と計六回の会談を行ったが、交渉は捗《はかど》らなかった。加えて、当時、ロシア・トルコ間で生起していたクリミア戦争に英国軍が参戦し、極東の英国軍がロシア軍を攻撃するため艦隊を差し向けたという情報を得たため、一一月二三日、一旦長崎を離れ、ロシア領沿海州に向かうこととなった。

そして、米国のペリー黒船艦隊の軍艦七隻が、嘉永七年（一八五四年）六月に帰国したあと、同年一〇月、プチャーチンは再度、最新鋭艦「ディアナ号」（帆船）一隻で下田に

＊10　シーボルトは、江戸後期に来日したドイツ人の医師、生物学者。実地の診療や医学上の臨床講義のみならず、さまざまな分野の学問の講義を行い、小関三英《こせきさんえい》、高野長英《たかのちょうえい》、伊東玄朴《いとうげんぼく》、美馬順三《みまじゅんぞう》、二宮敬作《にのみやけいさく》らの蘭学の逸材も育てた

来航した。「ディアナ号」は、二〇〇〇トンの最新鋭艦で、五二門の大砲を装備していた。米国がロシアに先立ち「日米和親条約」を締結したことを聞きつけ、再び国境画定を含む「日露和親条約」の締結を目的として下田に来航したのである。

プチャーチンの第二回目の訪日を巡っては後日談があり、軍艦の進化とは直接関係はないが、日本が洋式造船技術を身に付けるきっかけとなる事象でもあったので、その一部についても触れてみたい。

日露和親条約締結に向けて交渉中の嘉永七年一一月四日、マグニチュード八・四の大地震が日本を襲った。この地震に伴い大規模な津波が発生した（安政の大津波）。この津波の影響を直接受けた「ディアナ号」は大破して遠距離の航行が不能となった。そのため、下田沖から修理港と決まった伊豆西海岸の戸田《へだ》へと向かうのだが、激しい波風で駿河湾の奥深く富士郡宮島村沖まで押し流され、そこで沈没を余儀なくされた。約五〇〇人の乗員は、地元漁民などの支援により全員救出され、無事に戸田に収容された。

乗艦する艦を失ったプチャーチンは、帰国用の代船の建造を幕府に願い出て、幕府もこれを許可した。そして、日露共同で日本最初の洋式造船が始まったのである。

完成した船は、建造地の戸田の名前を採り「ヘダ号」と名づけられた。建造に参加した日本の船大工は、期せずして洋式造船の技術を習得する機会に恵まれたということになる。[*11]

この事象も、現在のロシア・ウクライナ戦争を巡る日露関係とは隔世の感があるが、当時はこのようなある種の友好関係があったとも言えよう。

## ペリーとプチャーチンの砲艦外交の比較[*12]

前述のとおり、ペリー艦隊が蒸気船二隻と帆船二隻を連ねて――翌年は蒸気船三隻、帆船四隻の軍艦および輸送船（帆船）三隻の合計一〇隻――力を見せつける外交で来航したのに対し、プチャーチン艦

写真3　プチャーチン乗艦「ディアナ号」搭載の16.6センチ砲
（出典：記念艦「三笠」前に展示の砲を筆者撮影）

＊11　下田市ＨＰ「プチャーチンの来航」〈https://www.city.shimoda.shizuoka.jp/category/100400shimodanorekishi/110777.html〉

＊12　この項、日本財団図書館「「日露友好一五〇周年記念特別展『ディアナ号の軌跡』報告書　第三章　日露和親条約の締結」〈https://nippon.zaidan.info/seikabutsu/2004/00561/contents/0016.htm〉を基にしている

隊は老朽化した帆船三隻および蒸気船一隻、翌年の二回目は最新鋭ではあるが帆船の「ディアナ号」一隻で来航した。

ただし、これは、一八五四年に帝政ロシアがクリミア戦争に突入したため艦船に余裕がなく、英国、フランス艦隊の動きを見ながらの交渉でもあったことが背景にあった。

また、ペリーが江戸湾に乗り付け「砲艦外交」（次項で説明）で強硬姿勢を見せたのに対して、プチャーチンは日本の規則どおり長崎に来航し、米国やアヘン戦争を起こした英国と違い、交渉を有利に導くために、紳士的で友好的であることをアピールした。

幕府の全権として交渉にあたった外国奉行川路聖謨《かわじとしあきら》は、ペリー使節団が武力を背景に恫《どう》喝《かつ》的な態度を取っていたのとは対照的に、日本の国情を尊重して交渉を進めようとするプチャーチン使節団に対しては、好感をもったとのちに記している。先に触れたシーボルトの提言は役立ったと言えるだろう。

一方で、二〇〇年以上続いた鎖国を破棄させるにはペリーのような攻勢的な砲艦外交が必要であったことも事実であった。

なお、プチャーチンが乗艦していた「ディアナ号」が搭載していたとされる一六・六センチ砲は、横須賀市所在の記念艦「三笠」前に展示されている（写真3参照）。

## 砲艦外交とは[*13]

先ほど、ペリーやプチャーチンが海軍力を見せつけて日本に開国を迫った手法を「砲艦外交」という用語を使用して説明したが、ここで「砲艦外交」とはどのような外交であるのかについても触れてみたい。

一般に「砲艦外交」とは、「軍艦および軍艦の装備する大砲の存在によって、相手国に政治的影響を及ぼそうとする外交」とされている。

欧州諸国が海外に植民地を求めていた時代にそれは顕著になった。その背景には海軍力の増強があった。最新鋭の軍艦の力――大きさ、機動力、大砲による威圧など――でもって相手国にこちらの意図を通してしまうという外交手法である。

あるときは、実際に大砲を撃って脅すことも効果的な場合もある。ペリー艦隊の一艦「ミシシッピー号」が江戸湾に進出し、大砲を撃って（空砲とみられる）幕府に開国を迫ったのが代表的な例と言えるだろう。そのほかにも、アヘン戦争などに際して英国が中国

＊13　この項、「ブリタニカ国際大百科事典　小項目事典」『砲艦外交』〈https://kotobank.jp/word/%E7%A0%B2%E8%89%A6%E5%A4%96%E4%BA%A4-131854〉を基にしている

に行った脅しもその典型的な例であると言われている。

日本が実施した例もあった。次項以降で述べる明治初期の軍艦「雲揚《うんよう》」が朝鮮半島で行った事例である。

明治八年（一八七五年）に朝鮮半島の中部西沿岸の仁川《インチョン》沖合の江華島《こうかとう》近傍で海底の測量を行っていたときの事例である。「雲揚」が、江華島の砲台から攻撃されたということを理由として、乗員を上陸させ報復として城を焼き払ってしまった。所謂《いわゆる》「江華島事件」である。

日本は、この事件をきっかけに朝鮮に開国を迫り「日朝修好条規」を結んだ。幕末にペリーなどが日本に対して行った「砲艦外交」を明治に入り日本が朝鮮に対して実施した例であった。[*14]

一九世紀後半以降も、第二次世界大戦に至る時代にも、多かれ少なかれ海軍国と言われていた国は、この砲艦外交の手法を展開していた。

第二次世界大戦後においては、一九七〇年代から八〇年代にかけて、ソ連艦隊が、地中海やインド洋に常時存在し、その影響下に武器を売り込み、軍事的、政治的に緊密な関係（善隣友好協力条約など）を結んでいった。これを西側ではソ連の砲艦外交と称した例もあった。

## 江戸末期の日本の軍艦*15

幕府は、米国のペリー黒船艦隊およびロシアのプチャーチン艦隊の来航を受け、大きな衝撃を受けた。すなわち、当時、日本では保有していなかった自走式の蒸気船で来航したこと、とくに米国が強力な海軍力を背景に砲艦外交を行い、開国を迫って来たことが主たる理由である。

江戸幕府は、開国するかどうかの判断を迫られたわけだが、その回答を導き出す前に、日本も強力な海軍力を保有しなければ、欧米列強に国土が蹂躙《じゅうりん》されてしまうとの危機感を覚えたのである。

それまで幕府は諸藩が独自に強力な海軍力を保有することを禁ずるため、「大船建造禁

＊14　太平洋戦争研究会編、森山康平著『日本海軍がよくわかる事典―その組織、機能から兵器、生活まで』（PHP文庫）二〇〇二年七月、七七―七八頁

＊15　この項、在ニューヨーク日本国総領事館HP「咸臨丸の太平洋横断の話」〈https://www.ny.us.emb-japan.go.jp/150th/html/kanrinmaru.htm〉を基にしている

止の令」を出していたが、これを撤回して、各藩にも軍艦保有を認めることとなった。幕府も当時欧州で唯一外交関係のあったオランダに対し、「咸臨丸《かんりんまる》」と「朝陽丸《ちょうようまる》」の二隻を発注することになった。どちらも列国海軍の軍艦同様に蒸気船として建造された。「咸臨丸」は、その後、勝海舟（当時は麟太郎《りんたろう》）が艦長となり、独力で太平洋を横断し米国まで航海したことでよく知られている。

安政七年（一八六〇年）一月、「咸臨丸」は、約九〇名の乗組員を乗せて浦賀を出港した。連日連夜暴風雨に見舞われ、非常に難しい航海を強いられるが、同乗していた米海軍ブルック大尉等の支援もあり、浦賀出港から三七日後の二月二二日、無事サンフランシスコに入港した。

図５　「咸臨丸の米国訪問」
（出典：国立国会図書館デジタルコレクション、パブリックドメインから）

往路で受けた損傷箇所の修復を終えたのち「咸臨丸」は三月一九日帰路についた。復路は大きな気象の障害はなく、無事五月五日に再び浦賀に帰港した。

乗組員のなかには、通訳の中浜（ジョン）万次郎、慶應義塾大学の創設者福沢諭吉等がいたと伝えられている。

## 明治初期の日本の軍艦[*16]

明治政府の誕生とともに幕府の軍艦は基本的には新政府に移管された。建造中のものも新政府が建造を引き継いだ。長州藩、佐賀藩、薩摩藩、肥後藩などからも軍艦が献上された。

明治五年（一八七二年）、海軍省と陸軍省が正式に独立した。その時点で海軍が保有していた艦は一四隻であった。すなわち、「東《あずま》（幕府購入、幕末の軍艦で唯一装甲化された艦）」「龍驤《りゅうじょう》（英国で建造、肥後藩献上）」「筑波《つくば》（英国コルベット[*17]を新政府購入）」「富士山《ふじやま》（幕府発注、ニューヨークで建造）」「春日《かすが》（英国で建造された砲艦、薩摩藩献上）」「雲揚《うんよう》

＊16　この項、『日本海軍艦艇』一五八—一六二頁を基にしている

＊17　「コルベット」とは、軍艦の艦種のひとつで、時代によりさまざまな任務や大きさの軍艦に対して使用されてきたが、概ね駆逐艦やフリゲートよりも小さい規模の艦に対して用いられる（大きい方から概ね、戦艦＞巡洋艦＞駆逐艦＞フリゲート＞コルベットの順）

（英国で建造、長州藩献上）」「日進《にっしん》（オランダで建造、佐賀藩献上）」「第一丁卯《だいいちていぼう》・第二丁卯《だいにていぼう》（英国で建造、長州藩献上）」「鳳翔《ほうしょう》（英国で建造、長州藩献上）」「孟《もう》春《しゅん》（英国で建造、佐賀藩献上）」「乾行《かんこう》（英国で建造された砲艦、薩摩藩献上）」「千代田形《ちようだがた》（幕府建造、石川島造船所での国産）」「摂津《せっつ》（米国製、広島藩在籍、詳細不明）」の一四隻である。[*18]

この時期まで国産船の建造もなされていたが運送船などが中心であり、本格的な軍艦建造には至っていなかった。

明治九年（一八七六年）六月、横須賀造船所で国産初の蒸気駆動による軍艦「清輝《せいき》」が完成した。同造船所を開いたフランス人技師のフランソワ・レオンス・ヴェルニーの指導によるものだ。

完成後、西南戦争に参加、明治一一年（一八七八

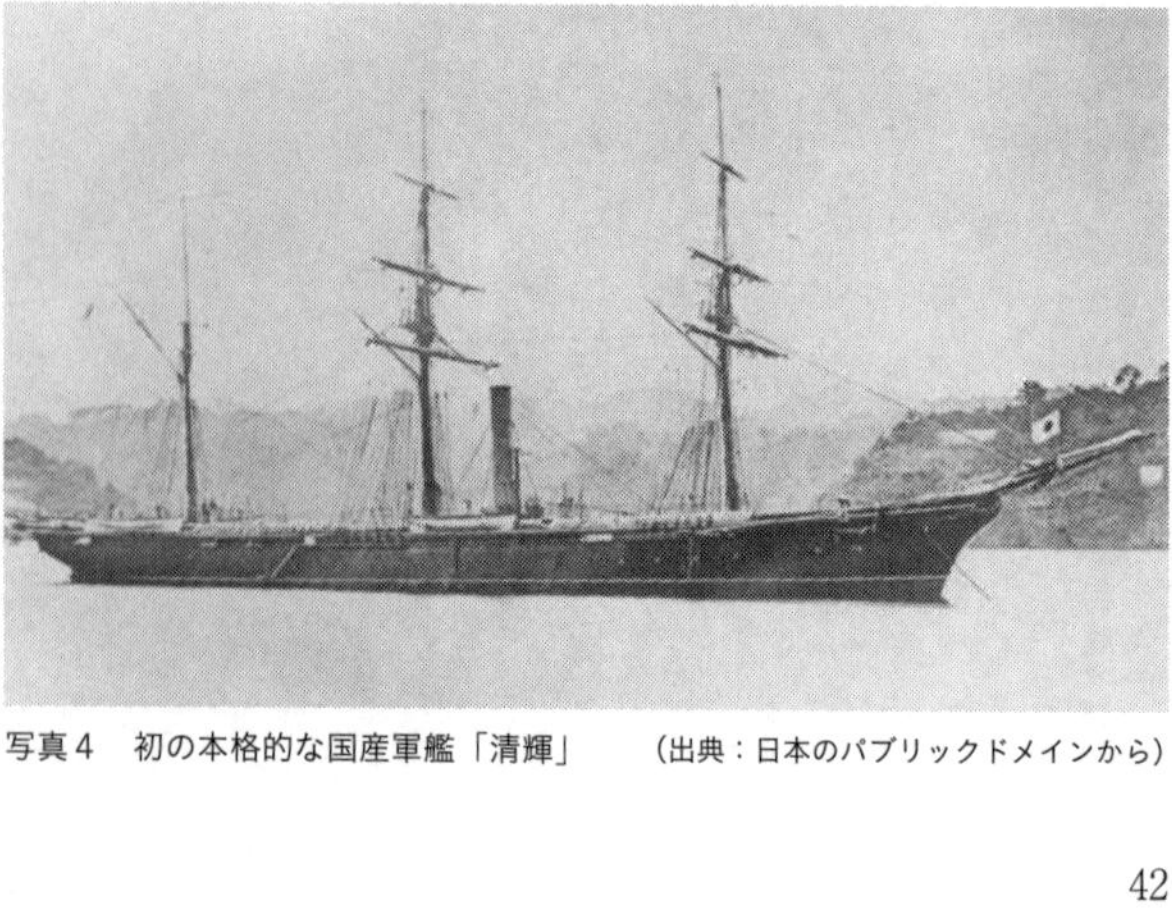

写真４　初の本格的な国産軍艦「清輝」　（出典：日本のパブリックドメインから）

年）には欧州への遠洋航海も行っている。国産の軍艦が欧州を訪問したのは、「清輝」が初めてであった。

そして、海軍省が発足して初めて発注にかかったのが、軍艦「扶桑《ふそう》」「金剛《こんごう》」「比叡《ひえい》」である。この三隻の設計に携わったのが、のちに英国海軍の造船局長になるエドワード・リード卿であった。

このころになると、各国海軍における最新の軍艦の基準は日進月歩という状況であった。そのなかでも、より大きな軍艦で、より射程の長い大砲を装備できるかということが重視されていた。それらの技術的な能力をもつ国は、主として英国やフランスであった。

我が国としても海軍のトレンドに追いついていくために、最新鋭の軍艦を保有することを国策として選択した。しかし、それは外国に発注するしかなかった時代である。先に掲げた三隻も英国に発注されることとなった。

リード卿は、さらに砲艦「筑紫《つくし》」の設計も手掛けた。元々この艦はチリ海軍が英国に発注していた艦であったが、財政難を理由として建造途中で契約を破棄したために日本が購

＊18　『日本海軍がよくわかる事典』七七頁

入することになった艦である。

「清輝」に引きつづき横須賀造船所で国産軍艦として建造されたのが「天城《あまぎ》」である。船体に使用された木材が伊豆半島の天城地域で伐採されたものであったために「天城」と名付けられた。同種の理由により名付けられた艦は、ほかにも「磐城《いわき》」があった。

その後、さまざまな艦が建造されることになるが、明治一八年（一八八五年）に建造を始めた「葛城《かつらぎ》」までは、帆走――帆を張って、風の力で航行すること――の装備を残していたが、その後、明治二二年（一八八九年）に建造された「高雄《たかお》」からは帆走を廃止し、船体構造も木製から鋼製に進化していった。

## 海軍黎明期の技術革新と軍艦の進化

この期の軍艦について総括する。

主力が「帆船」であった時代が一九世紀半ばまで続き、その後、蒸気機関が大型船に搭載され、軍艦は天候・風力によらず、自由に行動できるようになった。その「蒸気船」も当初は「外輪船」が主体であった。しかし、外輪そのものが攻撃目標となり、それが破壊されると航行できなくなるという致命的な欠点が明らかになったことから、水面下で駆動する「スクリューによる蒸気船」が開発された。

キーワードとしては、「帆船から蒸気外輪船・スクリュー蒸気船への進化」「木製から鋼製への船体構造の進化」という技術革新が起こり、海軍軍艦もそれに伴い進化していったということだ。

その背景には、海軍というものは、国民の権益を守るために存在するのだという考え方が主流になっていったということがある。とくに、海軍は戦争のときに戦うのみならず、平時に「砲艦外交」といった形で国家に寄与できるのだという考え方が芽生えていった時期が、海軍黎明期であったとも言えるのかもしれない。

# 第二章　日清・日露戦争時の軍艦

## 清国海軍の軍艦[*19]

明治新政府になり、国益を確保するために海軍力を高めた日本に立ちふさがったのが清国(現・中国)である。その清国との間で、明治二七年(一八九四年)七月に朝鮮半島における権益を巡り生起した戦争が日清戦争である。日本の立場としては、朝鮮半島から清国の勢力を排除し、日本の勢力圏――地政学的安全保障上、経済安全保障上の勢力圏――に入れる目的のための戦争であった。

このとき、国力の大きな指標であったのが海軍力だが、日本海軍は、軍艦が一〇数隻程度の海軍であり、五〇〇〇トン以上の軍艦はまだ存在しなかった。

一方清国海軍には、世界でもその名を轟《とどろ》かしていた七〇〇〇トン以上の戦艦「定遠《ていえん》」と「鎮遠《ちんえん》」の二隻があった。この二隻は、明治一四年(一八八一年)にドイツで建造され、三〇センチの主砲を四門装備していた。日清戦争が生起する三年前の明治二四年(一八九一年)、日本を訪問してそのプレゼンスを示した。一種の砲艦外交を実施したわけだ。受け入れた日本国民の間では、艦の大きさ、大砲の大きさに恐怖を感じたということだ。

ただし、当時特有の運用上の制限もあった。清国海軍軍艦の全般にも言えることであるが、どの艦も艦首方向の攻撃力を重視した大砲の配置になっていたということだ。すなわち、「定遠」「鎮遠」の二隻も、二連装の砲塔を前甲板の左右両舷《げんそく》側に一基ずつ配置していた。そのために、四門ともに射撃できるのは艦首方向のみだったのである。その結果、敵と対峙《たいじ》した場合、艦首方向を敵に向けなくてはならないという運用上の制限があったということだ。

この時期に至る前には、前章で述べたように、軍艦の主力が帆船から蒸気船に代わり、また、木造船が装甲船に代わった。そのような情勢のなか、最初に生起した海戦が、一八六六年にイタリアとオーストリアの間で戦われた「リッサ海戦」であった。

この戦いでは、オーストリア海軍の軍艦は、横陣形で敵

＊19　この項、野村實『海戦史に学ぶ』（祥伝社新書）五五―五六頁を基にしている

写真１　清国海軍戦艦「定遠」　（出典：パブリックドメインから）

に近接し、艦首砲で砲撃しつつ、最後は接触戦の「衝角戦術」[*20]でイタリア海軍に勝利した。戦訓としては「艦首砲での近接が有効である」「装甲艦に対するには『衝角戦術』が有効である」ということであった。のちに述べる日清戦争に臨む清国海軍は建艦思想も作戦もこの教訓を守っていたということだ。

大砲の進歩によって「衝角戦術」は無力化していくが、それが明らかになるのは、清国海軍が敗れた日清戦争のころになってからであった。

## 日本海軍の三景艦

一方、日本海軍は、「定遠」「鎮遠」の砲艦外交を受け、このままでは清国海軍にやられてしまうとの考えに至っていた。そこで清国の巨艦二隻に対抗し得る艦を建造することになった。それが、日本三景の場所の

写真2　三景艦「松島」　（出典：三笠保存会、パブリックドメインから）

名を艦名に付与された「三景艦」、すなわち巡洋艦「松島《まつしま》」「厳島《いつくしま》」および「橋立《はしだて》」である。「定遠」と「鎮遠」に対抗するため、フランスから著名な造船技師エミール・ベルダンを海軍省の顧問に招き、新造艦の設計を依頼した。ベルダンは、「定遠」「鎮遠」の装甲を破壊するために、長射程でかつ、破壊力を増強した大口径の大砲三二センチ砲を一門だけ搭載する巡洋艦を提案した。「定遠」「鎮遠」の三〇センチ砲を上回る大砲を装備した艦を建造したかったということだ。

そして、三景艦のうち二艦、「松島」と「厳島」はフランスのジョルジ・エ・シャンチュー社で建造し、「橋立」は、横須賀工廠《こうしょう》（旧横須賀造船所）で国産されることになった。ちなみに三二センチ砲だが、「厳島」と「橋立」には前甲板に前方に向けて、「松島」には後甲板に後方に向けて装備された。これは、主砲を前方に配備した艦と後方に配備した艦でひとつのグループを作り、巨艦「定遠」クラス一艦に対抗させるという運用構想が背景にあったためであった。

そのような運用構想に完全に従えば、主砲を前方に配備した艦二隻と後方に配備した艦

＊20　「衝角戦術」とは、衝角という武装（船首の喫水線下に取り付けた角状の堅固な突起）で接触戦を行い、すれ違いざまに敵船の櫂をへし折って機動性を奪ったり、横腹に穴をあけ沈没させる戦術

一隻、計三隻の「三景艦」では主砲を後方に配備した艦が一隻不足することになる。

しかし、もう一隻を建造しなかった理由は、ベルダンの構想を疑問視した当時の海軍造船少監（のちの造船総監）が採用しなかったことによるものであった[*21]。

三景艦は、「定遠」「鎮遠」が訪日する前に、その二艦の情報を得て計画された艦であったが、実際に訪日した巨大な二隻を目の当たりにすると、三景艦でも対抗できないのではないかとの考えに至り、急いでその二艦を上回る艦をイギリスに発注した。それが、一万二〇〇〇トンクラスの「富士《ふじ》」と「八島《やしま》」である。

この二艦の大砲は、のちに述べる三景艦の失敗の教訓を活かし三〇センチ砲四門とされた。三景艦の船体に比して、三二センチ砲は大きすぎたのがおもな理由であった。

しかし、「富士」「八島」の二隻は日清戦争の開戦には間に合わなかった。日清戦争前に編成された日本の連合艦隊[*22]は、三景艦を中心に編成され、日清戦争の主要な海戦に臨むことになった[*23]。

## 日清戦争における海戦とその結末[*24]

日清戦争で雌雄を決した海戦は「黄海海戦《こうかいかいせん》」である。「黄海海戦」は、明治二七年（一八九四年）九月一七日、黄海の北端、長山《ちょうざん》列島近海で、日本の連合艦隊が清国北洋艦隊が戦った海戦である。

「黄海海戦」に参戦した清国北洋艦隊は、「定遠」「鎮遠」を中心に横陣形で編成された。中堅に「定遠」（旗艦）、「鎮遠」を配置し、左側に巡洋艦「致遠《ちえん》」「広甲《こうこう》」「済遠《さいえん》」を、右側に「経遠《けいえん》」「来遠《らいえん》」「靖遠《せいえん》」「超勇《ちょうゆう》」「揚威《ようい》」を配備した。そのほか、海防艦、水雷艇など複数隻が護衛任務などで参戦した。

参戦した清国艦隊の総トン数は三万五〇〇〇トンほどで、参加艦のうち二一センチ以上の大口径をもつ大砲を合計すると二一門あり、日本の連合艦隊の大口径の大砲の門数と比較すると上回っていた。

ただし、清国北洋艦隊の軍艦の対半は艦型がまちまちで、発揮可能速力がバラバラであったため、一艦一艦の能力は高いものの、艦隊として、部隊として作戦を行うのは困難で

＊21　椎野八束（編）『日本海軍艦艇』（新人物往来社）一二六―一二七頁
＊22　「連合艦隊」とは、二個以上の艦隊で編成された日本海軍（帝国海軍）の中核部隊のこと
＊23　太平洋戦争研究会編『日本海軍がよくわかる事典』（ＰＨＰ文庫）八一頁
＊24　この項、『海戦史に学ぶ』五六―六二頁を基にしている

あった。

このころの主流の戦い方は、「リッサ海戦」の教訓どおり、旗艦の動きに連動し、できるだけ同一形式の艦――旋回する動きや速力が一緒であれば同一の艦隊行動ができるため――が共同して、すべての艦が敵に艦首方向を向けて砲撃するという戦い方である。そのため、横陣形で相手に近接する手法が多く採られていた。

清国艦隊は日本艦隊に近接する際、セオリーどおりに、横陣形で近接したわけであるが、速力に差があったために、中央が速く、両翼が遅れをとるという「凸型」の陣形で近接することとなった。

そうすると、中央の艦は射程に入って射撃が可能となっても、両翼の艦は遅れているので射程外で射撃ができず、すべての艦艇が一斉射撃をすることができなくなる。東洋で最大の巨艦「定遠」「鎮遠」も速力の遅い艦に足を引っ張られ、その能力を最大限に発揮することができなかったということだ。

一方、日本の連合艦隊はどのような戦い方で臨んだのであろうか。

日本の連合艦隊は、三景艦の「松島」「厳島」「橋立」を中心に、本隊と第一遊撃隊に分かれて編成された。本隊は、三景艦の三隻のほか、「扶桑《ふそう》」「千代田《ちよだ》」「比叡《ひえい》」「赤城《あかぎ》」および「西京丸《さいきょうまる》」の八隻で編成された。第一遊撃隊は、「吉野《よしの》」「浪速《なにわ》」「高千穂《たかちほ》」および「秋津洲《あきつしま》」で編成された。

三景艦は三二センチ砲という清国の「定遠」「鎮遠」の三〇センチ砲を上回る大砲を装備していたが、四〇〇〇トンレベルの艦に巨砲を積んだので、砲を旋回させると艦が大きく動揺してしまい、正確な射撃ができないという欠点があった。加えて、発砲したあとの動揺もひどく、発射速度も一時間に二〜三発と実戦では使い物にならなかった。

そこで連合艦隊が期待したのは、日清艦隊間の速力差であった。清国の「定遠」「鎮遠」が一四ノットであったのに対し、日本の連合艦隊は一六ノットと優速であった。

加えて、比較的新しい艦に装備した速射砲[*25]にも期待がもたれた。とくに「吉野」は二四ノット航行も可能で、一五センチ速射砲四門と一三センチ速射砲八門を装備した。

つまり、日清の海軍間の兵力を比較すると、大口径の大砲の門数では清国海軍が勝るが、速射砲の門数では日本海軍のほうが圧倒的に勝っていたということであった。

また、日本海軍は、海戦前に演習を実施している。その結果、指揮統制の通信などが発

＊25　「速射砲（rapid fire gun）」とは、短い間隔で続けざまに発射可能な砲のこと

達していない当時の状況で艦隊運動を実施するには「手旗《てばた》信号」*26と「旗《き》りゅう信号」*27に頼らざるを得ず、指揮下の部隊に艦隊運動の命令を確実に伝えるには、「単縦陣《たんじゅうじん》」*28が最適だとの結論に至っていた。

そして、黄海海戦においては、横陣形（実際は凸陣形）の清国海軍と単縦陣の日本海軍の戦いという構図になった。

海戦は、双方の部隊が近接した際、距離が五八〇〇メートルになったとき、清国の「定遠」の発砲により始まった。清国の初弾は、第一遊撃隊の付近に着弾したが直撃弾はなかった。

第一遊撃隊と清国艦隊の距離が三〇〇〇メートルまで詰まったときに第一遊撃隊は速射砲を発砲した。一番艦「吉野」は敵右翼艦艇を、二番艦「高千穂」と三番艦「秋津洲」は中央の「定遠」「鎮遠」を、最

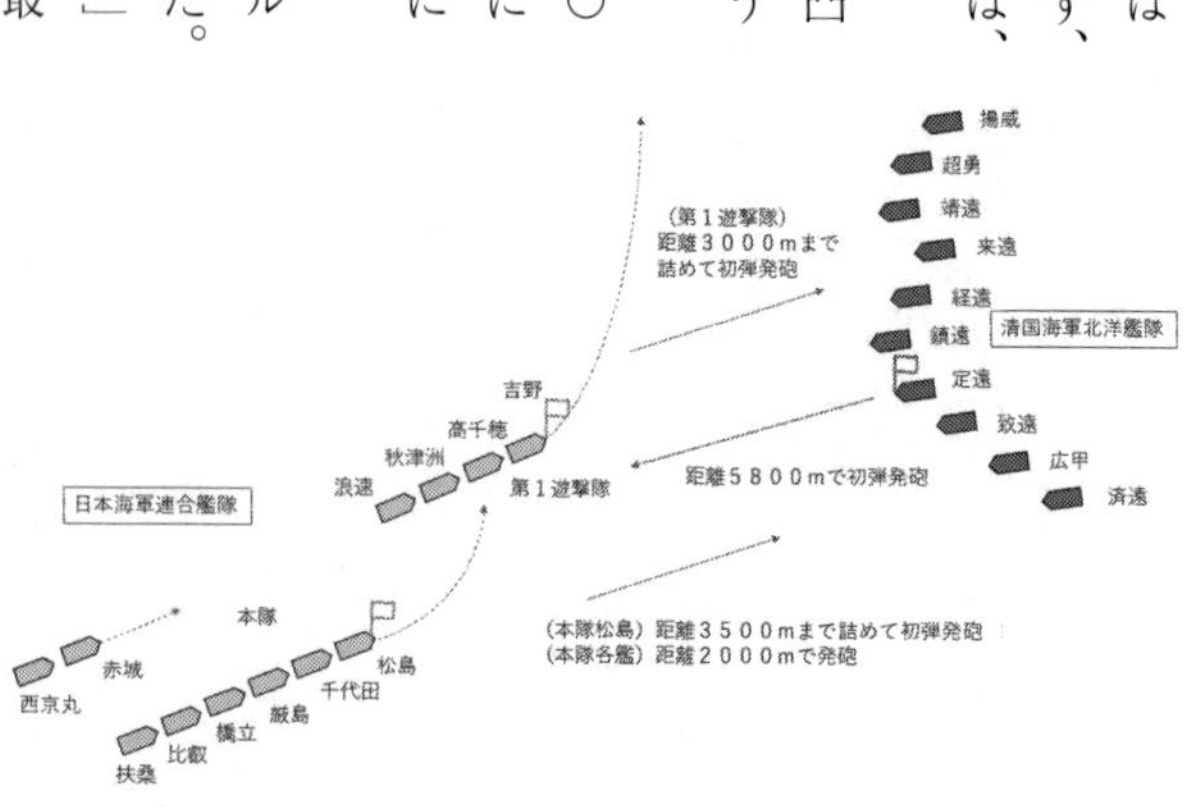


図１　黄海海戦図　　（出典：野村『海戦史に学ぶ』ほか本書参考資料を基に筆者作成）

後尾の「浪速」は敵左翼の艦艇を目標とした。

第一遊撃隊の攻撃に引きつづき本隊も敵の前面を左から右に移動した。各艦は右舷の砲を使い攻撃を行った。旗艦「松島」は距離三五〇〇メートルで、続く各艦は距離二〇〇〇メートルまで詰めて近接攻撃を行った。近接攻撃であったので日本の砲弾の命中率は高かった。

清国海軍は日本海軍の機動しながらの攻撃に対処していたため、横陣形は乱れ、集中した攻撃ができなくなってしまった。日本の単縦陣による自由な高速移動に対し、清国は横陣形を保ちながら艦首方向（攻撃方向）を日本の艦隊運動に応じて向けるのみで、射程が外れるなどして、戦闘の主導権は日本側に握られていた（図1参照）。

本海戦を通じて、「リッサ海戦」から教訓として各国海軍が学んでいた「横陣形による近接攻撃」と「近接しての衝角攻撃」は完全に時代遅れとなってしまった。「単縦陣で高

＊26　「手旗信号」とは、手旗を使い、望遠鏡・双眼鏡で見える可視範囲で遠方への通信を行う手段

＊27　「旗りゅう信号」とは、二六旗のアルファベット文字旗や軍が特別に定める旗を使用し通信する手段

＊28　「単縦陣」とは、艦隊の各艦が縦一列に並ぶ陣形のこと。基本的に二番目以降の艦は前の艦のあとについて動けばいいため、無線などが存在しない時代でも艦隊運動をしやすい陣形である

速移動しつつ速射砲により攻撃する方式」が有効だということが証明された海戦であった。
また、英国製の巡洋艦群の高速力および速射砲の威力の優秀性というもの——清国の「定遠」「鎮遠」はドイツ製であった——も証明した海戦でもあった。

## 日露戦争に向けて整備された「六・六艦隊[*29]」

日清戦争に勝利し、清国勢力を朝鮮半島から追い出すことには成功したが、問題は山積していた。

戦後処理のため、明治二八年（一八九五年）下関において、「清国は朝鮮の独立を認めること」「遼東《りょうとう》半島、台湾および澎湖島《ほうことう》を日本に割譲すること」「賠償金二億両（テール）（約三億円）を日本へ支払うこと」などを定めた下関講和条約を締結した——筆者の自衛隊勤務の最後は下関基地隊司令であった。在勤時には、下関講和条約締結の会議場であった「春帆楼《しゅんぱんろう》」を視察する機会にも恵まれ、当時の状況に想いをはせた次第だ（写真3参照）。

これに対し、日本の朝鮮半島への影響力の拡大を快く思わないロシア、フランス、ドイツは、日本に遼東半島を清国に返還するように求めた。所謂《いわゆる》「三国干渉」である。これら三国による干渉に対抗できるような軍事力も経済力もなかった当時の日本は、同年五月五日、遼東半島の返還に応じた。

以後、この三国干渉の中心で、返還された遼東半島に居座ったロシアを新たな仮想敵国と定め、「臥薪嘗胆《がしんしょうたん》」を合言葉に、海軍力を急速に増強することとなった。[*30]

その新たな建艦計画の中心になるのが、所謂「六・六艦隊」構想だ。最新鋭の戦艦六隻、装甲巡洋艦六隻で編成された艦隊でロシアに対抗しようとする構想である。その背景にあるのが、ロシアの地政学的な位置関係とそれに伴う海軍の構成である。

＊29　この項、『海戦史に学ぶ』一〇四―一〇五頁を基にしている

＊30　下関市「日清講和記念館パンフレット」および記念館展示を基に記載

写真3　下関講和条約締結の会議場「春帆楼：日清講和記念館」（出典：筆者撮影）

ユーラシア大陸にまたがる巨大なロシアは、海軍部隊をヨーロッパ正面と太平洋正面とふたつに分割して保有しなければならない。もし、将来的に日本との戦争を覚悟した場合、極東の艦隊のみでは足りないと判断すれば、ヨーロッパ正面の大艦隊を極東に振り向けなければならない。

その場合、スエズ運河経由、またはアフリカ南端経由のいずれかの航路を使う必要がある。

当然、距離の短いスエズ運河経由のほうが望ましいわけだが、そこで日本が考えたのは、スエズ運河を航行できない——巨大な戦艦は水深の制限により通峡できない——巨大な戦艦を六隻建造して、ロシア海

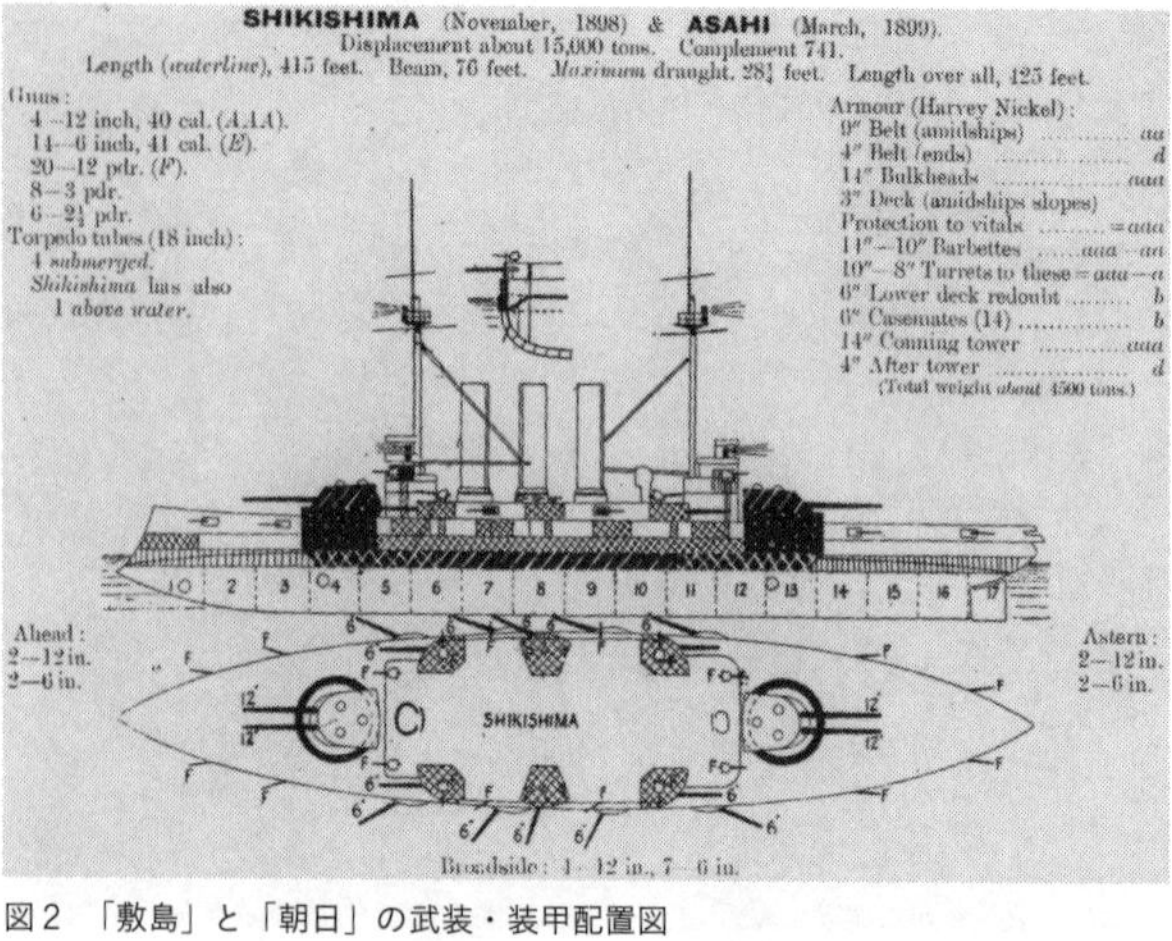


図2 「敷島」と「朝日」の武装・装甲配置図
（出典：JANE'S FIGHTING SHIPS 1906-07、パブリックドメインから）

軍に対抗しようとしたのである。

そうなれば、ロシアは日本海軍の巨大な戦艦六隻に対抗するために、さらに同等またはそれ以上の戦艦を建造することが見積られる。必然的にロシアのヨーロッパ正面の艦隊はアフリカ回りを選択せざるを得ず、極東到着時には疲弊していて戦争にはならないだろうということを期待したのである――実際に日本海海戦時にヨーロッパから振り向けられたバルチック艦隊はそのような状況に追い込まれた。

このような建艦思想を基に装備されたのが、一万五〇〇〇トン級の戦艦「朝日《あさひ》」「初瀬《はつせ》」「敷島《しきしま》」、およびのちに連合艦隊の旗艦になった「三笠《みかさ》」である。これに、日清戦争時の軍艦の項で言及したが、すでに発注済み――日清戦争には間に合わなかった――の「富士」と「八島」の二艦を加えて、合計六隻の

写真4　連合艦隊旗艦「三笠」（出典：呉市海事歴史科学館、パブリックドメインから）

戦艦群にするという構想であった。さらに、装甲巡洋艦六隻もすべて一万トンに近い艦として建造された。ちなみに、装甲巡洋艦六隻とは、「出雲《いずも》」「磐手《いわて》」「浅《あさ》間《ま》」「常盤《ときわ》」「八雲《やくも》」「吾妻《あずま》」である。

じつは、「六・六艦隊」の一二隻に加えて、日本には同等の艦がもう二隻あった。七六〇〇トン級の「日進《にっしん》」および「春日《かすが》」の二隻である。この二隻は、イタリア製で元々はアルゼンチンがイタリアに発注した艦であった。完成間近になってアルゼンチンが財政上の問題から売りたがっているとの情報を当時の日本の同盟国である英国が入手し、その情報を日本に伝え、日本が購入することを促し

写真5　ロシア戦艦「ツェサレーヴィッチ」
(出典:Архив фотографий кораблей русского и советского ВМФ、パブリックドメインから)

たということである。英国はこの二艦をロシアが購入しないように阻止したわけである。

この二艦は、日本がロシアに宣戦布告する一週間前の明治三七年（一九〇四年）二月一〇日に、横須賀に到着した。明治三五年（一九〇二年）一月に調印された「日英同盟」が有効に機能したと評価できる事例であった。[*31]

この期の戦艦の技術革新もすさまじいものがあった。とくに、この建艦計画の一艦である「敷島」は、それ以前に建造された「富士」と比べて、大砲に格段の進化があった。「富士」も「敷島」も主砲は同じ口径の三〇センチのアームストロング砲[*32]を搭載していた。

しかし、「敷島」の砲塔は大きく改善されていて、それまでの砲塔では、砲身を船体の艦首尾線上（砲を真正面）に戻さないと弾薬庫から次の砲弾を装塡《そうてん》できなかったが、どの向きでも次の砲弾が装塡できるようになり、速射砲として短間隔で連続発射ができるようになった。[*33]

＊31　『日本海軍がよくわかる事典』八八、九八頁

＊32　アームストロング社製の速射砲、鋼鉄砲のこと。砲身を鋼鉄で作り、内部に螺旋条《らせんじょう》をつけてある。弾丸を後尾に装塡し、発射すると弾丸は進行方向を軸として回転して進む

＊33　『日本海軍艦艇』一〇六頁

## 日露戦争時のロシアの軍艦[*34]

ロシアが日露戦争開戦時に保有していた最大の艦は、一万三〇〇〇トン級の戦艦「スヴォーロフ」級四隻であった。このクラスの戦艦は、日本が企図したとおり、スエズ運河を航行できない範疇《はんちゅう》の艦であった。

実際に、日露戦争開戦後、太平洋第二艦隊に組み込まれたこのクラスの戦艦は、スエズ運河を航行できないために、アフリカ南端回りの航路を選択せざるを得なかった。「六・六艦隊」の日本の建艦構想は的を射ていたということであろう。

開戦前、ロシア太平洋艦隊に戦艦は七隻あり、そのすべてを旅順港に配備していた。そのうち最大の艦は一万二〇〇〇トンの「ツェサレーヴィッチ」であった（写真5参照）。「六・六艦隊」の主力戦艦が一万五〇〇〇トン級であるので、トン数では日本のほうが勝っていた。装甲巡洋艦については、四隻を旅順港（朝鮮半島の西側：黄海側）に、三隻をウラジオストック港（朝鮮半島の東側：日本海側）に配備した。対馬《つしま》海峡を挟んでふたつに分割されていたということだ。

旅順港に配備されていた部隊に対しては、日本の連合艦隊により、日露戦争開戦直後から「旅順港閉塞《へいそく》作戦」として、その出入港を封じ込める作戦が行われていた。旅順港の最狭部に故意に船を沈めて港からの出入を不可能にし、旅順港に所在のロシア海軍艦艇の行動を封じるといった作戦であった。三次にわたる閉塞作戦であったが、完全に封鎖することはできず作戦そのものは失敗した。

この作戦では、在ロシア防衛駐在官[*35]——当時の呼称は駐在武官——としての筆者の大先輩であった廣瀬武夫《ひろせたけお》少佐（のちに中佐に特別昇任）の逸話が残っている。軍艦の進化とは直接かかわりはないが、在ロシアの防衛駐在官の先輩の話ということで若干触れてみたい。

第二次閉塞作戦時に閉塞船「福井丸《ふくいまる》」を指揮した廣瀬は、これから自沈させるということで脱出する際、部下のひとり（杉野兵曹長）が行方不明との報告を受け、最後まで探し求めたが結局は見つからず、やむなく退去する際に砲弾が直撃し戦死したということである。最後まで部下を探し求めた指揮官としての行為が称賛され、のちに「軍神」と呼称さ

＊34　この項、『海戦史に学ぶ』一〇六―一〇八頁を基にしている
＊35　「防衛駐在官」とは、在外公館において軍事や安全保障に関する情報収集や任国との交流などを任務とする防衛省からの派遣の外交官——自衛官の身分も併せもつ——をいう。戦前の日本の陸軍・海軍および各国の駐在武官に該当する

れることになった。
さらに後日談だが、戦死した五日後、廣瀬の遺体は「福井丸」の船首付近に浮かんでいるところをロシア軍によって発見された。駐在武官としてロシアで活躍した廣瀬の人柄から、戦争中ではあったが、ロシア軍は栄誉礼をもって丁重な葬儀を行い、陸上の墓地に埋葬したと伝えられている。[*36]
ロシア艦隊の軍艦の話に戻すが、旅順港閉塞作戦の失敗ののち、日本海軍は、旅順艦隊の支隊が配備されているウラジオストック艦隊への攻撃を企図していた。
明治三七年（一九〇四年）八月一四日、ウラジオストック艦隊を追っていた日本海軍の第二艦隊は、蔚山《ウルサン》沖でついに捕捉し、海戦が始まった。ウラジオストック艦隊の巡洋艦三隻に、日本第二艦隊は最新の巡洋艦四隻に、海戦途中で二隻の巡洋艦も支援に加わり、ウラジオストック艦隊の巡洋艦一隻を撃沈、残り二隻はウラジオストックに逃げ帰った。[*37]
これによって、ロシア海軍は激減してしまった太平洋艦隊を増強するために、ヨーロッパ正面に所在する本国の艦隊で太平洋第二艦隊を編成し、極東に回航する作戦を行う決心をした。残存していた太平洋艦隊は太平洋第一艦隊として再編成した。太平洋第二艦隊には、一万三〇〇〇トン級の「スヴォーロフ」（写真6参照）「アレクサンドル三世」「ボロジノ」「オリョール」の四隻と一万二〇〇〇トン級の「オスリャービャ」、および一万トン級の「シソイ・ヴェリーキー」「ナヴァリン」の二隻があった。

前述のとおり、一万トン級以外の艦は喫水が深いためスエズ運河を通れないので、スエズ運河経由のグループとアフリカ南端経由のグループのふたつに分割され極東に向かった。

## 日露戦争の勝敗を左右した日本海海戦とその結末＊38

旅順港閉塞作戦実施中、ロシア軍の敷設《ふせつ》した機雷により、戦艦「初瀬」と「八島」を喪失したが、先に触れたとおり、海戦前にはイタリアの造船所で建造された「春日」「日進」の二隻をアルゼンチンから購入し、「初瀬」と「八島」を失った代替艦として海戦に臨む準備を整えた。「六・六艦隊」は代替艦を整えて、極東に回航中のロシア太平洋第二艦隊を迎え撃つこととなった。

＊36　剣影散史『軍神広瀬中佐壮烈談』（東京大学館）国立国会図書館デジタルコレクションＨＰ〈https://dl.ndl.go.jp/pid/781917/1/123〉
＊37　『日本海軍がよくわかる事典』三五八―三五九頁
＊38　この項、『海戦史に学ぶ』一〇九―一一一頁を基にしている

ロシアはさらに太平洋第二艦隊を補強するために、九〇〇〇トン級戦艦の「ニコライ一世」を中心として、太平洋第三艦隊を編成し、第二艦隊を追走させた。第二艦隊と第三艦隊はベトナム沖の「ヴァン・フォン湾」で五月一一日合流し（以後第二艦隊となる）、同一四日に対馬海峡に向かって出港した。最終的に八隻の戦艦をはじめ、輸送船まで含めると三八隻の大艦隊であった。

日本にとってはロシアの太平洋第二艦隊が、対馬海峡、津軽《つがる》海峡、宗谷《そうや》海峡のいずれを経由してウラジオストックに向かうのかが重要な課題であった。待ち受ける海峡の見積りが誤っていれば、取り逃がしてし

写真6　ロシア戦艦「スヴォーロフ」
(出典:Архив фотографий кораблей русского и советского ВМФ、パブリックドメインから)

まうからである。
日本海軍がどこで待ち受けるかの判断を迷っているなか、五月二五日にロシア軍の仮装巡洋艦および運送船八隻が上海近傍のウースン港に入港したという情報を得た。これにより、対馬海峡通峡の可能性が高まったと判断して、同海域で待ち受けることとなった。

五月二七日正午ごろ、ロシア太平洋第二艦隊（所謂バルチック艦隊）は、三万三〇〇〇マイルの航海を経て、対馬沖に現れた。

戦艦八隻を中心として総数三八隻で編成されるバルチック艦隊を待ち受けた日本海軍連合艦隊は、戦艦四隻、装甲巡洋艦八隻を主力とする編成で迎え撃った――補助艦、支援艦含め九六隻。数列の単縦陣で対馬海峡を通峡し、ウラジオストックに向かおう

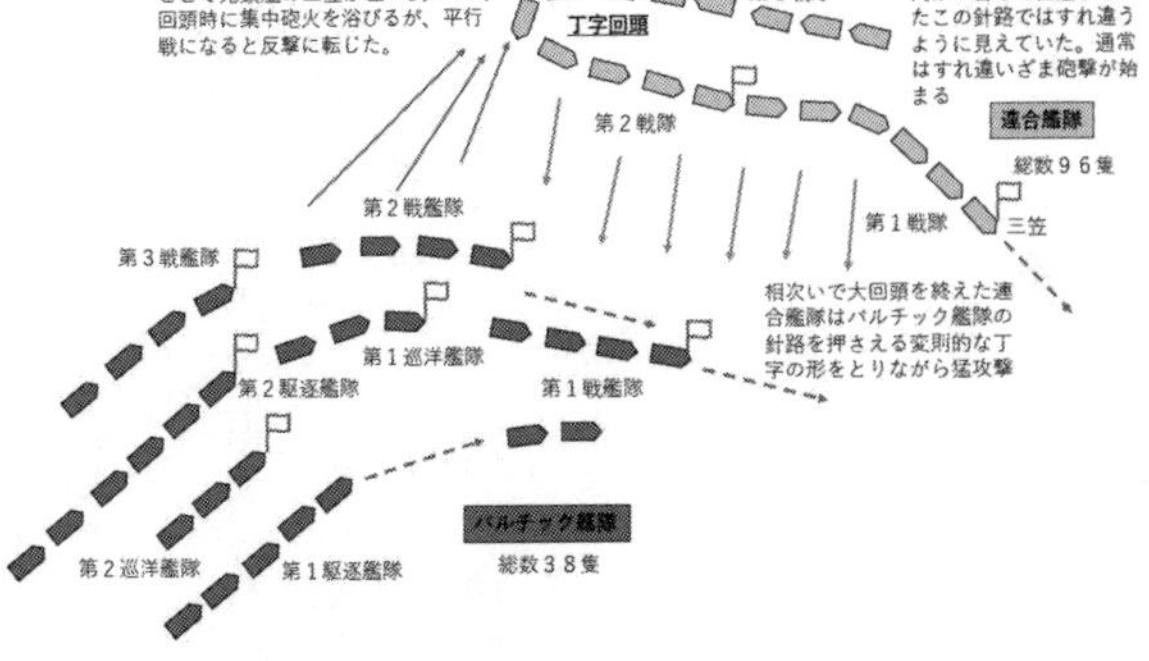
ここで先頭艦の三笠が左へUターン、回頭時に集中砲火を浴びるが、平行戦になると反撃に転じた。
第３戦隊
向かい合って直進していたこの針路ではすれ違うように見えていた。通常はすれ違いざま砲撃が始まる
総数９６隻


相次いで大回頭を終えた連合艦隊はバルチック艦隊の針路を押さえる変則的な丁字の形をとりながら猛攻撃

総数３８隻

図３　日本海海戦合戦図（出典：野村『海戦史に学ぶ』等本書参考資料を基に筆者作成）

とするバルチック艦隊の艦首方向を押さえるように相手の右から左へ進んでいた日本連合艦隊の主力は、双方の距離が八〇〇〇メートルになったとき、突如一八〇度反転した。所謂「丁字戦法」である。

距離が七〇〇〇メートルになったときにロシア艦隊が発砲、海戦の火ぶたが切られた。日本連合艦隊は、距離が六〇〇〇メートルになったときに先頭艦の旗艦「三笠」が射撃を開始した。ロシアの旗艦「スヴォーロフ」はじめ主力艦に次々と命中し、火災を起こす艦もあり、ロシア艦隊の陣形は乱れていった。日本の艦隊にも命中弾はあったが、致命的な被害にまでは至らなかった。砲撃が始まってから約四〇分で勝敗の行方が決するような戦いであった（図3参照）。

## ふたつの戦争における技術革新と軍艦の進化

日清・日露戦争期の技術革新と軍艦の進化を総括する。

日清戦争期になると、帆船——帆走を補助とする軍艦も含め——は姿を消し、動力船が主流となった。そして、次の技術の進展は武器（大砲）に移ることになる。

一八六六年にイタリアとオーストリアの間で戦われた「リッサ海戦」では、「横陣形で艦首方向に攻撃を集中しつつ近接する戦術」と「近接して接触戦で衝角を敵艦に当て沈没させるなどの戦術」が有効との教訓を導き出した。それを学び活用する海軍も増えていった。日清戦争における清国海軍がその典型であった。

その後、大砲の性能が向上し、大型化、長射程化していき、また、旋回砲塔というものが開発され、舷側に大砲（主砲）を並べた時代から、艦首尾線上に大砲を配置するように変化していった。舷側には主砲の代わりに副砲が配備されるようになった（写真7参照）。

旋回砲塔の採用により、艦首が向いている方向にかかわらず大砲が旋回することによって、あらゆる方向に攻撃できるようになった。その初期型は艦首方向に砲を戻さないと次の弾を装塡できなかっ

写真7　戦艦「三笠」の主砲（上）と副砲（下）
（出典：記念艦「三笠」を筆者撮影）

たが、発展型では砲がどの方向を向いていても揚弾できるように改良された（速射砲化）。これによって、艦は自由に動きながら砲を連発で発射できるようになりさまざまな戦術が生まれた。

艦隊としていろいろな陣形から、各艦が攻撃を集中できることにもなり、艦隊決戦の戦術も発展した。その好例が、先に述べた、日本海海戦において、日本の連合艦隊が採用した「丁字戦法」である。

艦が動きながら攻撃できるということで、機関を増やし高速で航行できることも重要視されるようになった。また、多くの大砲を備える必要に迫られ、艦は大型化していった。さらに大砲そのものも口径が大型化していき砲戦距離が増大していった。そのためにも艦は大型化する必要に迫られた。

そして、日本海海戦期においては、主砲の口径が三〇センチ、副砲が一五センチで、主砲弾の被弾に耐えられる装甲を有しているというような条件が主力艦の標準艦型になっていった。

この期の技術革新と軍艦の進化のキーワードは、「大砲の進化——大口径化、長射程化、速射砲化、旋回砲塔など」「大砲の進化に伴う軍艦そのものの進化——大型化、高速化、大砲の配備位置、戦術の変化など」「攻撃力の増強に伴う防御力の進化——装甲化」ということである。

換言すれば、「いかに大きな艦でかつ強靭《きょうじん》な艦を建造するか」「いかに性能のいい大型の大砲を装備できるか」がこの期の軍艦建造の主流な考え方になっていったということだろう。

# 第三章　建艦競争期および海軍軍縮条約期の軍艦

## ドレッドノート級戦艦の登場と各国海軍の建艦競争[*39]

明治三七年（一九〇四年）の日露戦争に前後して、世界の主要国の海軍では、より大きな海軍を建設するために、建艦競争に突入していった。

まず初めに大きな動きをしたのが、ドイツであった。

一九〇〇年ドイツでは、戦艦を三八隻、大型の巡洋艦を一四隻、向こう八年の間に建造するという、当時としては異例な建艦計画を立てた。

主要国の海軍も、これにならって、多かれ少なかれ建艦競争に突入していった

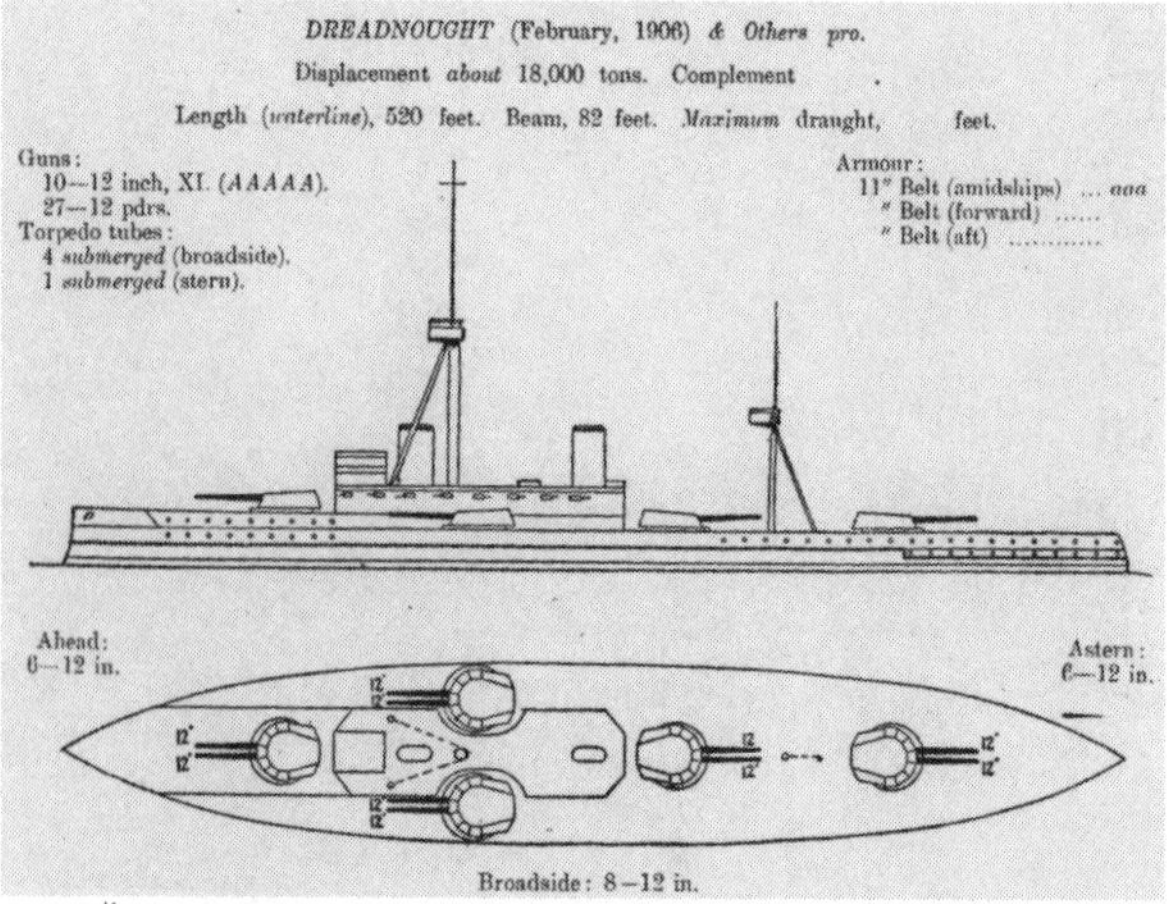


図1　弩《ど》級戦艦「ドレッドノート」艦型図

（出典：ジェーン年鑑1906年版、パブリックドメインから）

ということだ。

そのような建艦競争のなかで、象徴的な艦が建造された。それが一九〇六年に英国海軍が完成させた戦艦「ドレッドノート」である。

「ドレッドノート」の排水量は一万七九〇〇トンで、主砲の三〇センチ砲を一〇門装備しており、巨艦にも拘《かか》わらず、二一ノットで航行することができた。

三〇センチ砲一〇門のうち六門は艦首尾線上（二門は前甲板、四門は後甲板）に配置されており、左右どちらの舷《げん》にも射撃できた。そのほかの三〇センチ砲は前部マストの斜め後方に左右二門ずつ配置された（図1参照）。

したがって、ある一定方向の敵に対し、主砲の三〇センチ砲は、八門を割り当て射撃することができたということだ（前部マスト斜め後方に配置された砲のうち、攻撃側と反対側に配置された砲は射撃できないので、合計八門が射撃可能ということ）。

このような攻撃力、機動力を保有した大型艦は、以前には建造されたことはなく、それまでの戦艦の概念を完全に変えてしまい、旧式化させてしまった。

＊39　この項、太平洋戦争研究会編『日本海軍がよくわかる事典』（ＰＨＰ文庫）九九―一〇〇頁に基づいている

「ドレッドノート」級の戦艦一隻で、それまでの戦艦の一・五倍から二倍の能力はあるとまで評価された。

## 日露戦争後の日本海軍軍艦の情勢*[40]

「ドレッドノート」が登場したころ、日本海軍では世界最大の排水量一万九〇〇〇トンの戦艦「薩摩《さつま》」「安芸《あき》」の二艦を建造途中であった。

これまで日本海軍は戦艦の建造に関しては英国に依存していたが、この二艦は初めて、設計から建造まで国産にこだわった。

「薩摩」は設計段階では、三〇センチ連装砲を前甲板の艦首尾線上に二基、後甲板の艦首尾線上に二基配置する計画であった。

ところが、二基並べた場合の爆風対策が解決できずに、二五・四センチ連装砲を六基搭載するように設計を変更した。

写真1　弩級戦艦「摂津《せっつ》」　（出典：日本のパブリックドメインから）

その変更の結果でも完成すれば世界最強の戦艦として登場するはずであった。

しかし、完成したのが「ドレッドノート」の出現のあとだったので、生まれながらの旧式艦となってしまった。

ところで「ドレッドノート」と同等の能力をもつ艦は「弩級戦艦（ド級戦艦）」と呼称されるようになったが、「弩級戦艦」および後述するそれを上回る「超弩級戦艦」という用語は、筆者の年代以降の方々にとっては、映画『宇宙戦艦ヤマト』で使われていたので、「ヤマト」を凌駕《りょうが》する「非常に巨大な艦」とのイメージをもたれていると思う。

しかし、その語源はここで掲げたように英国戦艦「ドレッドノート」にあるということである。

また、弩級戦艦には及ばない中間砲（二五・四センチ砲など）を装備する艦は「準弩級戦艦」と区別された。明治三九年（一九〇六年）に完成した「香取《かとり》」および「鹿島《かしま》」がこれに該当する。

主要各国の海軍は英国に追い付け追い越せで、「弩級戦艦」建造の競争に突入していった。

＊40　この項、椎野八束（編）『日本海軍艦艇』（新人物往来社）一一一―一一二頁を基にしている

日本海軍でも「弩級戦艦」の建造に力を入れはじめ、明治四五年（一九一二年）、初の国産弩級戦艦「河内《かわち》」が完成した。「河内」は排水量二万八〇〇〇トンで、艦首尾線上に三〇センチ砲を四門、舷側には同じ三〇センチ砲でもこれよりも砲身が短く威力が若干劣る砲を八門、一五センチ砲一〇門、一二センチ砲八門を搭載した。当時の国産戦艦では最強の艦であった。

しかし、ドレッドノートが単一の巨砲を数多く装備した「単一巨砲艦」であることを考えると、技術的な問題から同じ三〇センチ砲でも一部に砲身が短い大砲を装備せざるを得なかった「河内」は、厳密な意味での弩級戦艦ではなかったとも言える。当時その分野での技術力が足りなかったことは否めない。

写真２　英国海軍超弩級戦艦「オライオン」
（出典：著作者は1920年に没、著作権消滅、パブリックドメインから）

「河内」完成の三ヶ月後には姉妹艦「摂津」も完成した（写真1参照）。

大正三年（一九一四年）には、第一次世界大戦が勃発するが、それまでに完成していた「香取」「鹿島」「薩摩」「安芸」「河内」「摂津」を主力として、太平洋におけるドイツ植民地や中国から租借していた青島《チンタオ》に配備されていたドイツ艦隊と対峙《たいじ》することになった。

ただし、太平洋方面のドイツ軍艦艇には有力な戦艦群が配備されていなかったので、これらの日本海軍の主力はドイツ植民地への攻略作戦の支援に従事するレベルであった。

## 超ドレッドノート級戦艦（超弩級戦艦）の登場と「大艦巨砲主義」[*41]

日本海軍が弩級戦艦の「河内」「摂津」を完成させた同じ年に、英国海軍は「超弩級戦艦」の「オライオン」を完成させた。

「オライオン」は、排水量二万二〇〇〇トンで、三四センチ砲を一〇門装備、大型戦艦に

＊41　この項、『日本海軍がよくわかる事典』一〇〇—一〇一頁を基にしている

＊42　「巡洋戦艦」とは、強力な攻撃力と高速性能をもつ大型の戦闘艦を指す。巡洋艦の特徴である高速性能と運動性能、戦艦に匹敵する大口径砲による攻撃力を併せもつ。代償として戦艦に比べ防御力を若干犠牲とする設計としている

も拘わらず二一ノットで航行することができた。

さらに、同年、巡洋戦艦[*42]の「ライオン」を完成させた。

「ライオン」は「オライオン」よりもさらに大型化が図られ、排水量は二万六〇〇〇トンで、三四センチ砲を八門装備し、速力は二八ノットまで出すことができた。巡洋艦の大型化が図られた巡洋戦艦は一般に戦艦よりも排水量が少ないのが通常だが、「ライオン」は装甲を一部薄くするというリスクを許容したうえで、戦艦よりも高速で航行することを重視した艦であった。

弩級戦艦のネームシップであった「ドレッドノート」も、完成の六年後には旧式艦になってしまったということだ。

日本海軍でもこれに負けじと超弩級戦艦を建造した。

それが、「扶桑《ふそう》」および「山城《やましろ》」だ。両艦は同型艦で、排水量は二万九〇〇〇トンで、三六センチ砲一二門を装備し、速力は二二・五ノットを出すことができた。

日露戦争の勝敗を左右した日本海海戦における日本海軍の戦い方のインパクトが大きく、世界各国の主要海軍は、「大砲の威力が海戦そのものの勝敗を左右する」との教訓を学んだ。このような認識がトリガーとなり、建艦競争が引き起こされ、「大艦巨砲主義」へと突入していったのである。[*43]

## ワシントン海軍軍縮条約期の主力艦[*44]

日本海軍は「扶桑」「山城」のあとも建艦競争に打ち勝つために超弩級戦艦を建造しつづけた。それが、「伊勢《いせ》」「日向《ひゅうが》」および「長門《ながと》」「陸奥《むつ》」である。

「伊勢」「日向」の排水量は三万トンに少し満たない二万九九〇〇トンで、三六センチ砲を一二門装備し、二二・五ノットの速力で航行することができた。

「長門」「陸奥」は、ついに排水量が三万トンを

＊43　『海戦史に学ぶ』一三九頁
＊44　この項、『日本海軍がよくわかる事典』一〇一、一〇四頁を基にしている

写真３　日本海軍超弩級戦艦「長門」
（出典：呉市海事歴史科学館、パブリックドメインから）

超え三万二七〇〇トンとなり、四一センチ砲八門を装備し、二六・五ノットで航行することができた。「長門」に至っては長らく連合艦隊の旗艦も務めた。

ところが、超弩級戦艦の建造は「陸奥」を最後に中止されることになった。日本だけでなく各国海軍も同様であった。

米国主導で進められた「ワシントン海軍軍縮条約」により、各国の軍艦建造が規制されることになったためである。

対象となったのは、第一次世界大戦（一九一四年～一九一八年）で敗れたドイツと社会主義革命（一九一七年）で混乱するロシアを除く主要海軍国、すなわち、米国、英国、日本、フランスおよびイタリアの五ヶ国である。

大正一一年（一九二二年）、米国は先の五ヶ国をワシントンに招聘《しょうへい》し、各国海軍の主力艦艇の軍縮を進めた。

当時、日本海軍では日露戦争での「六・六艦隊」構想をさらに発展させた「八・八艦隊」構想をもっていた。すなわち、艦齢が八年未満の新型戦艦八隻および巡洋戦艦八隻を、主力艦として整備する構想である。

日本海海戦における艦隊決戦完勝の再来を望む日本海軍は、大正七年（一九一八年）にはさらに発展させた「八・八・八艦隊」構想を考えるようになった。戦艦・巡洋戦艦といった艦型を区別せずに、戦艦・巡洋戦艦レベル八隻の艦隊を三つ保有するという計画である。

ところが、当時の日本の財政では無理のある建艦計画であったため、その実現には疑問符がついていた。このようなときに、米国が軍縮条約の提案をしてきたのである。[*45]

当時、日本国内では日露戦争後の仮想敵国として米国が浮上しはじめていた。米国はロシアと同様に広大な国であるので、海軍部隊も太平洋艦隊と大西洋艦隊に二分されていた。日露戦争でロシアが行ったように、太平洋正面での海軍兵力が不足するとヨーロッパ正面の部隊を充当するといった運用に似たようなことが、米軍でも起こるだろうと想定されていた。すなわち、太平洋艦隊の艦艇部隊で不足するならば、大西洋艦隊の艦艇を振り向けるだろうということだ。

そうなると、ロシアのバルチック艦隊の主力がスエズ運河を通峡できずにアフリカ南端経由で振り向けられたのと同様、大艦巨砲主義で大型艦が主力の米国艦隊もパナマ運河を

＊45　『海戦史に学ぶ』一四〇頁

通峡することができず、南アメリカ南端経由を選択せざるを得ず合流するのに時間がかかる。

その結果、疲弊した部隊を迎え撃つことのできる日本海軍は、作戦を優位に進められるということである。

そのような観点から、対米七割の主力艦を保有できていれば、当面直面する米太平洋艦隊には対処できるだろうという考え方が主流となっていった。条約交渉でもそれを担保することが国益に叶うと考えられていたということである。

交渉に臨んだ全権代表は加藤友三郎《かとうともさぶろう》首相（海軍大将）であった。首相として国家財政の観点から条約締結推進派の加藤は、以下の内容で、ワシントン海軍軍縮条約に署名した。

細部は後述のとおりだが、各国の主力艦の保有トン数の割合を、米国：英国：日本：フランス：イタリア＝五：五：三：一・七五：一・七五で合意された。*46

①主力艦（所謂《いわゆる》、戦艦、巡洋戦艦）

・合計基準排水量：米国および英国（五二万五〇〇〇トン）、日本（三一万五〇〇〇トン）、フランスおよびイタリア（一七万五〇〇〇トン）。

・一艦あたりの基準排水量：各国とも、三万五〇〇〇トン以下。
・装備砲：大砲の口径は各国とも、一六インチ（四一センチ）[*47]以下。

②航空母艦
・合計基準排水量：米国および英国（一三万五〇〇〇トン）、日本（八万一〇〇〇トン）、フランスおよびイタリア（六万トン）。
・一艦あたりの基準排水量：各国とも、二万七〇〇〇トン以下。ただし、二艦に限り三万三〇〇〇トン以下の空母を保有可能。
・装備砲：大砲の口径は各国とも、八インチ（二〇・三センチ）以下、六インチ（一五センチ）以上を装備する場合五インチ（一二・七センチ）以上の砲を合計一〇門以下、先の特例の二艦（三万三〇〇〇トン以内の空母）に限り五インチ以上の砲を合計八門以下。

③その他の艦（戦艦よりも小さい巡洋艦、駆逐艦など）

＊46　国立公文書館『海軍軍備制限ニ関スル条約・御署名原本・大正十二年・条約第二号（御14651）』〈https://www.digital.archives.go.jp/das/image/F0000000000000028860〉

＊47　条約文では大砲の大きさの単位をインチで示していたが、本書の全般にわたりセンチを使用してきたので、ここでは条約文のインチとセンチを併記する

・合計基準排水量：各国とも制限なし。
・一艦あたりの基準排水量：各国とも一万トン以下。
・装備砲：大砲の口径は各国とも、五インチ以上八インチ以下。

（補足）日本海軍の戦艦「陸奥」の問題
ワシントン会議では、突貫工事により滑り込みで竣工した——実際は一部未完成のまま海軍に引き渡された——日本海軍の戦艦「陸奥」が現有艦か否かが問題となった。結局、特例として現有艦扱いと認められたが、その引き換え条件として、米国の廃棄予定だった「コロラド」級戦艦の二隻を復活、英国の「ネルソン」級戦艦二隻の新規建造を認めることとなった。
この結果、各国海軍において、一六インチ（四一センチ）砲を装備する戦艦は、米国のコロラド級戦艦「コロラド」「メリーランド」「ウエストバージニア」の三艦、英国のネルソン級戦艦「ネルソン」「ロドニー」の二艦、日本の長門級戦艦「長門」「陸奥」の七隻のみとなり、これらの戦艦は「世界のビッグ7」（世界七大戦艦）と呼称された。[*48]
なお、戦艦「陸奥」の四一センチ砲は、広島県呉市所在の「大和《やまと》ミュージアム」の前に展示されている。実物を確認すると、その大きさに驚愕《きょうがく》する。

筆者が海上自衛官時代に乗艦した艦艇のなかで最大の艦は、イージス艦「きりしま」であった。「きりしま」の装備する主砲は五インチ砲（一二・七センチ砲）であったので、「陸奥」の四一センチ砲の大きさを改めて痛感した次第だ（写真4参照）。

ワシントン条約を履行するため各国は、保有している艦の処分等を実施しなければならなかった。

日本海軍も例外ではなく、日露戦争後、

＊48　『日本海軍艦艇』一六頁

写真4　呉大和ミュージアム前に展示の戦艦「陸奥」の41センチ砲
（出典：呉市海事歴史科学館、筆者撮影）

明治末までに保有していた八隻の戦艦を処分した。

その結果、日本の保有する戦艦は一〇隻――日露戦争時の「六・六艦隊（戦艦六隻・装甲巡洋艦六隻）」から「六・四艦隊（戦艦六隻・巡洋戦艦四隻）」となった。また、建造中の六隻の戦艦のうち二隻を空母に改造した。第二次世界大戦でも活躍する「加賀《かが》」と「赤城《あかぎ》」である。

ちなみに当時は、空母は出現したばかりであり、運用法などは手探りな状態であった。

米国や英国も条約履行のために保有艦の処分を行った。

米国は、保有艦一五隻を処分、建造中または計画中の一五隻を諦めた。これにより、米国の保有戦艦は一八隻となった。

英国も同様で、保有艦一七隻を処分し、計画艦四隻を諦めた。これにより、英国の保有戦艦は二〇隻となった。

条約を履行しつつ海軍力を増強するために日本海軍が目を付けたのは、制限が設けられなかった巡洋艦等のその他の艦艇である。そして、制限トン数（一万トン）以内の大型の巡洋艦を次々と建造していき、その数は一二隻に上った。

## ロンドン海軍軍縮条約期の補助艦艇*49

主力艦の軍縮に引きつづき補助艦艇の軍縮にも各国は動き出した。

ワシントン条約では保有制限が設定されなかった巡洋艦、駆逐艦、潜水艦などについても、その総保有数を定める軍縮条約の締結を推し進めたのである。

新しい協定では、潜水艦での戦いの重要性も念頭に潜水艦の保有数も規制し、巡洋艦と駆逐艦をさらに統制し、保有数を厳格に制限した。

昭和五年（一九三〇年）主要各国は英国ロンドンに集い、軍縮条約について討議した。会議においては、英国とフランス・イタリアが激しく対立し、フランスとイタリアは途中で離脱した。

そのため、米国・英国・日本の三国で協定が成立し、補助艦艇の比率を米国：英国：日本＝一〇：一〇：六・九七（約七）とすることが定められた。

有効期限は一九三六年までとされた。その詳細は以下のとおりである。

＊49　この項、外務省「日本外交文書デジタルコレクション一九三五年ロンドン海軍会議　経過報告書」〈https://www.mofa.go.jp/mofaj/annai/honsho/shiryo/archives/st-7.html〉を基にしている

①巡洋艦：一艦あたりの基準排水量は一八五〇トンから一万トン。合計排水量は、種類（重巡洋艦と軽巡洋艦）により、ふたつに区分された。

・カテゴリーa（通称：重巡洋艦）：装備砲は六・一インチから八インチ。合計排水量は、米国は一八万トン、英国は一四万六八〇〇トン、日本は一〇万八四〇〇トン。比率で一〇：八・一：六・〇二とした。

・カテゴリーb（通称：軽巡洋艦）：装備砲は五・一インチから六・一インチ。合計排水量は、米国は一四万三五〇〇トン、英国は一九万二二〇〇トン、日本は一〇万四五〇トン。比率で一〇：一三・四：七とした。

②駆逐艦：装備砲は五・一インチ以下。一艦あたりの基準排水量は六〇〇トンから一八五〇トン。合計排水量は、米国は一五万トン、英国は一五万トン、日本は一〇万五五〇〇トン。比率で一〇：一〇：七・〇三とした。

③潜水艦：一艦あたりの上限排水量は二〇〇〇トン。装備砲は五・一インチ以下。三艦に限り二八〇〇トン以下で六・一インチ以下の砲の装備が可能。合計排水量は、各国とも五万二七〇〇トンとした。三艦のみの例外規定は、米国潜水艦「ノーチラス」「ノーワ

ール」「アルゴノート」の保有を維持するための合意であった。

日本海軍にとっては、要求の対米英比率七割保有を概ね確保できたわけだが、海軍内では、反条約派の加藤寛治《かとうひろはる》軍令部長（のちに軍令部総長に改名）はじめ本条約に不満をもつ勢力も多く、国内における大きな対立も生じていた。[*50]

## 航空機の海洋での運用と航空母艦の登場[*51]

軍縮条約により、「大艦巨砲主義」の象徴でもある巨大な戦艦が建造できなくなり、クローズアップされたのが「航空母艦（空母）」と「潜水艦」である。

ふたつの軍縮条約の項では、これらの艦種の保有規定のみ簡単に述べたが、ここで改めてそれらの艦種が登場した情勢について、まず、航空母艦について振り返ってみたい。

第一次世界大戦において、航空機が登場し、陸上戦における航空攻撃というものが重要

＊50　国立国会図書館「史料にみる日本の近代　第3章大正デモクラシー」〈https://www.ndl.go.jp/modern/cha3/description17.html〉
＊51　この項、『日本海軍艦艇』二〇頁を基にしている

視されるようになった。

それは、現在においても引きつづいており、二〇二二年に生起したロシア・ウクライナ戦争においても、連日航空攻撃、ミサイル攻撃、ドローン攻撃などが報道されていることで読者の皆さんも理解がしやすいであろう。

次に出てきたのが、その航空機を海上における戦いで活用できないかという考えだ。そして、最初に出てきたのが、陸上を発着するための車輪の代わりにフロート（浮き具）を装備し、洋上を発着する方式である（洋上飛行艇方式）。

さらに、既存の艦艇・船舶に搭載する考え方が出てきて、最終的に出てきた結論が航空機を多数搭載し、発着艦させることが可能な専門の艦艇を建造することであった。そこで登場したのが空母である。

各国は、航空機を艦艇に搭載するため、発射機、着艦時の拘束装置などを開発し、空母の開発を急いだ。

その後、日本海軍もワシントン条約により、「八・八艦隊」の主力艦である戦艦や巡洋艦が意図どおりに建造ができなくなり、建造予定の戦艦・巡洋艦を空母に改造する決断をした。

そこで生まれたのが先に触れた空母「赤城」と「加賀」である。

ワシントン条約成立後、それを履行するなかで、建造が認められる一艦あたり二万七〇〇〇トン以内の範囲で三隻の空母建造計画を策定した。

そのうち二隻は「赤城」と「加賀」で充当した。残り一隻枠の計画は大きく変更し、このトン数を二分して、一万三五〇〇トン級の空母を二隻建造することとした。

こうした計画の下で建造されたのが空母「蒼《そう》龍《りゅう》」と「飛龍《ひりゅう》」である。これら四隻の空母は、次章で述べる真珠湾攻撃やミッドウエー海戦に参戦したことでも知られている。

ただし、これらの空母が誕生した当初は、空

写真５　日本海軍空母に改造された「加賀」
（出典：呉市海事歴史科学館、パブリックドメインから）

母打撃力により、陸上基地を破壊したり、敵艦隊を搭載航空機で撃滅するといった運用法は各国とも考えていなかった。

あくまで海上戦闘は艦隊決戦で決すると考えられており、空母を中心とした航空部隊は敵艦隊を捜索する、対空の防御手段を提供するといった、主力の戦艦群を支援する部隊と考えられていた。

## 潜水艦の登場[*52]

潜水艦の登場は、じつは日露戦争期に遡《さかのぼ》らなければならない。

一九〇〇年、米国のジョン・フィリップ・ホランドによって設計された潜水艇「ホランド」級が米海軍に就役した。

「ホランド」は主機のガソリンエンジンと電動機の直結方式であり、内燃機関によって推進する近代潜水艦の元祖であった。

写真６　初の近代潜水艇「ホランド」
（出典：米国のパブリックドメインから）

日本海軍の潜水艦建造は日露戦争中に始まった。明治三七年（一九〇四年）に米国にホランド級潜水艇五隻を発注したのが最初であった。

日本海軍ではこの潜水艇の図面の提供を受けて国産化を図った。

国産化を模索するなかで、六番艇「第六潜水艇」の試験航行中に事故による悲劇が生起している。

この事案については、前章で触れた在ロシアの防衛駐在官の先輩である廣瀬《ひろせ》武夫《たけお》中佐の事案同様に、指揮官の佐久間《さくま》勉《つとむ》艇長の統率がのちに語り継がれているので、ここで少し触れてみたい。

明治四三年（一九一〇年）四月、佐久間艇長の指揮のもと、第六潜水艇は広島湾で試験航行を実施していた。

通風孔のみを水面に出しつつガソリンエンジンにより航行する――現在の潜水艦で採用されているシュノーケリング航行に該当――試験を実施していたが、浸水により浮上が不可能となる事故が生起してしまった。

＊52　この項、『日本海軍艦艇』八二、九六頁を基にしている

この際、佐久間艇長は、事故の模様と推定原因を詳細に記述した遺書を残した。また、その遺書には、部下が最後まで忠実に任務を全うしたこと、および最後に部下の遺族の生活が困窮しないようにと懇願していた内容が含まれていた。

そのような指揮官としての所作が軍人の鑑として以後讃えられることとなった。その後、この教訓を活かして潜水艦（艇）の国産化を加速させていく。

第一次世界大戦後、日本海軍は本格的な潜水艦建造に着手していった。ドイツから技術者を招き技術指導を受けたうえで建造したのが「伊号潜水艦」である。第一次世界大戦末期にドイツ海軍が建造を計画していたＵ１４５をコピーしたものであった。ドイツ計画よりも航続距離を延長し、一〇ノットで二万四四〇〇マイル（日本と米本土を十分に往復できる距離）を航行できるものとして完成した。

## 建艦競争期および軍縮条約期の技術革新と軍艦の進化

この期の技術革新と軍艦の進化を総括する。

建艦競争期には、英国が開発した「ドレッドノート」級戦艦の完成を契機として、次々と同等の能力を保有する「弩級戦艦」を各国は競って建造した。

「ドレッドノート」は、主砲の三〇センチ砲を一〇門装備しており、排水量が一万七九〇〇トンの巨艦にも拘わらず、二一ノットで航行することができた。三〇センチ砲一〇門のうち六門は艦首尾線上に配置されており、左右どちらの舷にも射撃できた。

それまでの艦の能力の一・五倍から二倍はあると言われた。

しかし、その六年後には、「ドレッドノート」を上回る「超弩級戦艦」の「オライオン」を英国は就役させた。

「オライオン」は、排水量二万二〇〇〇トンで、三四センチ砲を一〇門装備し、大型戦艦にも拘わらず二一ノットで航行することができた。

各国は以前にも増して、超弩級戦艦としてより口径の大きい大砲を数多く搭載し、より大きく装甲が強靱《きょうじん》な艦を建造した。

そのような情勢下、各国とも軍備増強が国家財政を圧迫しはじめたこともあり、米国主導で軍縮を進めることとなった。

一九二二年のワシントン海軍軍縮会議では主力艦の割合を、米国：英国：日本：フランス：イタリア＝五：五：三：一・七五：一・七五で合意した。

引きつづいて一九三〇年のロンドン海軍軍縮会議では、補助艦の割合を、米国：英国：

日本＝一〇：一〇：六・九七（約七）で合意した（フランスとイタリアは協議の途中で離脱した）。

戦艦や巡洋艦・駆逐艦の兵力が制限されるなか、クローズアップされはじめたのが、航空母艦と潜水艦であった。

これらの艦艇の保有数についても軍縮条約で制限されたが、当時は、まだ運用法が確立されていなかった。

# 第四章　第二次世界大戦時の軍艦

## 軍縮条約の破棄と無制限な建艦競争の再来

建艦休止期間（所謂《いわゆる》、ネイバルホリデー）がしばらく続くなか、それに終止符を打ったのは日本であった。ロンドン海軍軍縮条約に合意した翌年の昭和六年（一九三一年）には、満洲事変が生起した。さらにその翌年の昭和七年（一九三二年）には満洲国が建国され、日本と米英および中国との間の対立が決定的となっていった。

満洲国建国を巡って日本は、昭和八年（一九三三年）に国際連盟も脱退した。

米英との協調外交政策は転換され、軍縮条約を破棄したのは、昭和一一年（一九三六年）であった。

それをきっかけに再び無制限な建艦競争へと突入していった。[*53]

写真１　戦艦「大和」　（出典：呉市海事歴史科学館、パブリックドメインから）

米英は、一九三六年の期限を前に新たな軍縮条約を推し進めようとしていた。

しかし、日本は新条約に参加する意思はなく、新たな建艦計画を立てていた。

昭和九年（一九三四年）、日本海軍はワシントン条約で制限されていた対米英の五：三の主力艦の劣勢を一気に取り戻すために、「個艦優越」[*54]の指針のもと、これまでで最大の四一センチ砲を上回る四六センチ砲を装備する世界最大の戦艦の建造計画を策定した。

それが、第二次世界大戦開戦直後に完成した戦艦「大和《やまと》」である。

「大和」の性能要目は、基準排水量が六万四〇〇〇トン、全長二六三メートル、全幅三八・九メートル、速力は二七ノットであり、主要兵装として、四六センチ砲九門、一五・五センチ砲一二門、一二・七センチ高角砲一二門、二五ミリ機銃二四門、水上偵察機七機、航空機発射機二機を装備する、まさに世界最大の戦艦であった。

また、開戦翌年の昭和一七年（一九四二年）には「大和」級二番艦の「武蔵」が完成した。

＊53　太平洋戦争研究会編『日本海軍がよくわかる事典』（ＰＨＰ文庫）一一三頁

＊54　「個艦優越」とは、海軍軍備制限条約により米英海軍に対し、劣勢な艦艇保有比率を強いられた日本海軍が、個々の艦艇の戦力で敵国海軍の同型艦をしのぐことを造艦の指針としたこと

日本の条約破棄後、各国は再度建艦競争を経つつ、第二次世界大戦に突入していくのであった[*55]。

軍縮条約離脱後、航空機や潜水艦が出現し、他の海軍力の増強にも力を入れていた日本海軍ではあったが、根本思想は大艦巨砲主義から脱することはできず、それは「アウトレンジ戦法」として確立していった。

写真２　戦艦「大和」46センチ砲砲弾
（出典：記念艦「三笠」前展示を筆者撮影）

すなわち、日本海軍が優勢な米国海軍に打ち勝つには、先制、奇襲、集中の原則をモットーとし、艦隊決戦における砲撃戦・魚雷戦、航空機における戦いのすべてにおいて、敵の攻撃圏内よりも遠くから相手に攻撃される前に攻撃を行う戦法が重要視されていたということだ。

そのためにも、他国の戦艦の射程の外から攻撃のできる四万メートルの射程をもつ四六センチ砲装備の戦艦「大和」を建造したのである——軍縮期の最大の戦艦が保有する四一センチ砲の射程は約三万メートルであった。[*56]

なお、「大和」の四六センチ砲の砲弾は、横須賀市所在の記念艦「三笠《みかさ》」の前に展示されており、その大きさを確認することができる（写真2参照）。

## 山本五十六大将が育てた海軍航空部隊と機動艦隊

第一次世界大戦において航空機が登場して以降、陸上戦闘において、航空機の有用性が徐々に証明されていった。

第一次世界大戦開戦当初は主として航空機は敵の偵察のために用いられた。搭載される武器も機銃へと進化していき戦闘機が生まれた。また敵地上空まで飛んでいって爆弾を落とす爆撃機も誕生した。英国は世界最初の魚雷攻撃ができる雷撃機も製造した。

このように航空機が進化していく過程で、陸上戦闘のみならず海上戦闘に航空機が活用できないかの見地から、最終的に、数多くの航空機を搭載し、洋上における航空基地の役

＊55　椎野八束（編）『日本海軍艦艇』（新人物往来社）一八頁
＊56　野村實「対外戦略の狭間に揺れた帝国海軍の組織と戦略」『【山本五十六】常在戦場の生涯と連合艦隊』（学習研究社）一二〇頁

割を担うことのできる航空母艦（空母）が誕生した。

しかし、第二次世界大戦が始まるまで、空母に搭載した航空機が海上戦の主力である戦艦群などの艦隊を撃滅してしまうというような考え方は、主流ではなかった。

先に触れたとおり、大艦巨砲主義の考え方が主流の各国海軍においては、巨大な戦艦同士が巨砲を撃ち合って敵艦隊を撃滅すると考えられていたからである。

当時、航空機には、「敵艦隊の偵察任務」「水上艦艇部隊が実施する砲撃のための目標の追尾および射撃後の弾着の修正任務」、そして「相手の軍艦を攻撃して、敵の砲撃能力を妨害する任務」というような、艦隊決戦を支援する役目が期待されていた。

主として、航空攻撃のみで敵艦隊を撃滅することができるといった考え方をもつ者は、ごく少数であったということだ。[*57]

その少数のひとりが、第二次世界大戦開戦時の連合艦隊司令長官の山本《やまもと》五十六《いそろく》大将であ

写真３　英空母「イラストリアス」
（出典：オーストラリア戦争記念館、パブリックドメインから）

る。

山本は、本来、砲術――大砲による射撃を中心とする職種――を専門とする士官として、海軍生活を送っていた。大佐になるころに、海上戦闘における航空機の重要性に目を付けはじめ、希望して航空分野の職種に移ったと言われている。

その後、空母「赤城《あかぎ》」艦長、第一航空戦隊司令官――複数の空母を指揮する指揮官――などを歴任し、海上における航空分野の主要な指揮官を経験することで、その知見を広げていった。

また、日本海軍における航空分野の施策を担う海軍航空本部の技術部長やのちには本部長として、海軍航空部隊の発展に尽力した。第二次世界大戦で活躍する零式艦上戦闘機（所謂、ゼロ戦）の登場は、山本の尽力の賜物とも言われている。*58

山本は第二次世界大戦が開戦する前に連合艦隊司令長官に就任したわけであるが、着任後、航空部隊による攻撃力が充分に進化したことを確認すると、航空機を主体とするハワイ攻撃（所謂、真珠湾攻撃）を計画しはじめた。山本の頭に航空機によるハワイ攻撃の着

*57　『日本海軍がよくわかる事典』一四四頁
*58　野村實『海戦史に学ぶ』（祥伝社新書）二一八―二一九頁

想が生まれたのは昭和一五年（一九四〇年）春以降と言われている。

その当時、空母搭載の航空部隊による攻撃作戦ができる能力をもっていたのは、日本、米国および英国の三ヶ国のみであった。

一九四〇年一一月、英国海軍航空部隊がイタリア海軍艦艇に対し大きな戦果を残した。イタリア海軍の主力艦がイタリア南部のタラント港に停泊していた際に、英国海軍の空母「イラストリアス」（写真3参照）を主体とする英国の地中海艦隊は、タラント港から距離一七〇マイル（約二七〇キロメートル）まで近接し、搭載航空機による魚雷攻撃を行った。この攻撃の結果、イタリア海軍は戦艦三隻、巡洋艦二隻に大損害を受けた。

山本はこの英国海軍による航空攻撃成功の事案を横目で見つつ、ハワイ攻撃成功のための作戦計画を練っていたとみられている。*59

## 現代戦にも大きな影響を及ぼした日米海軍の戦い*60

第二次世界大戦においては、さまざまな国の間で海戦が生起した。

ヨーロッパ正面では、英国とドイツが大西洋や地中海で対峙《たいじ》した。ここでの戦いは、主としてドイツ海軍の運用する潜水艦による脅威を撃滅する対潜水艦戦と、その脅威から船団を防護する船団護衛戦であった。

また、バルト海などでは、ドイツ海軍とソ連海軍の海戦も生起していたが、これは、機雷敷設《ふせつ》戦や掃海戦、あるいは陸軍の輸送作戦や上陸作戦が主であり、ヨーロッパにおける海戦は、以後の海軍戦略や海軍の軍事力整備に大きな影響を与えるものではなかった。

今日の現代戦における海軍戦略や軍事力整備に大きな影響を与えたのは、太平洋における日米海軍の戦いであった。

前章で触れたふたつの軍縮条約により、主力艦や補助艦の保有比率が対米英で概ね六～七割に制限された日本海軍は、太平洋を渡って来攻する米艦隊を少ない兵力によって迎撃しなければならない。

相手を大幅に上回る巨大戦艦の建造のほかにも目を付けたのが航空機による攻撃や潜水艦による攻撃である。そして、大型の航続距離の長い潜水艦や空母に搭載可能な艦上戦闘機、艦上爆撃機などを開発・整備していった。

＊59　土門周平「早期戦争終結をめざし米戦艦群を撃滅す」『【山本五十六】常在戦場の生涯と連合艦隊』八二頁
＊60　この項、平間洋一「世界の海軍戦略思想を変革した太平洋上の日米のバトル」『【山本五十六】常在戦場の生涯と連合艦隊』一三四頁を基にしている

結果、日本海軍は第二次世界大戦開戦時には一〇隻の空母を装備し、米国の八隻——太平洋艦隊では三隻——を大きく上回る海軍航空兵力を保有していた。

## 「ハワイ作戦」での空母機動部隊による陸上攻撃

昭和一六年（一九四一年）九月、日本海軍では海軍大学校において、ハワイ作戦に関する図上演習が行われた。

その演習では、日本の空母四隻を主力として機動部隊で攻撃した結果、敵戦艦四隻および空母二隻を撃沈する成果が見積られたが、味方の被害も空母二隻が沈没、残り二隻も被害を受け放棄せざるを得ないという評価であった。

これを受け、ハワイ作戦に否定的な意見も多数出てきた。

ただし、連合艦隊司令長官に就任した山本は職を辞することも覚悟してハワイ作戦の重要性を説いたため、最終的には日本海軍の総意として承認されるに至った。

ハワイ作戦に参加する連合艦隊は、空母六隻（「赤城」「加賀《かが》」「蒼龍《そうりゅう》」「飛龍《ひりゅう》」「翔鶴《しょうかく》」「瑞鶴《ずいかく》」）の機動部隊を中心に編成され、この機動部隊を、戦艦二隻（「比叡《ひえい》」「霧島」）、駆逐艦九隻が護衛し、潜水艦三隻、タンカー七隻も随行した。

そして、ハワイ攻撃部隊は、北方領土の択捉島《えとろふとう》に集結し、同年一一月二六日ハワイへ向けて出港した。*61

開戦当日、ハワイ沖に到着した空母六隻を主体とする機動部隊は、オアフ島からの距離が二三〇マイル（約三七〇キロメートル）に近接した時点で第一次攻撃隊の約一八〇機を発艦させた。

さらに、二〇〇マイルまで距離を詰め、第二次攻撃隊一七〇機を発艦させた。

当時、米海軍は戦艦九隻および空母三隻を太平洋方面に、戦艦八隻および空母

＊61　「早期戦争終結をめざし米戦艦群を撃滅す」『【山本五十六】常在戦場の生涯と連合艦隊』八二頁

写真4　ハワイ攻撃により被害を受ける米艦艇
（出典：米海軍国立海軍航空博物館、パブリックドメインから）

四隻を大西洋方面に振り分けて配備していた。しかし、日本海軍による奇襲攻撃時にハワイに在泊していたのは八隻の戦艦のみであった。

三隻の空母のうち「サラトガ」はサンディエゴ港に所在し、「レキシントン」はミッドウエー島への輸送中であり、「エンタープライズ」もウエーク島への輸送任務に従事しており、日本の航空攻撃から免れた。

在泊艦艇と陸上基地の被害は甚大で、戦艦「アリゾナ」「ウエストバージニア」「オクラホマ」および「カリフォルニア」の四隻は沈没し、そのほかの戦艦も多大な被害を被った。ただし、太平洋艦隊旗艦の「ペンシルバニア」は造船所で整備中であり、日本海軍による魚雷攻撃は受けずに爆弾攻撃を一発受けただけであった。

オアフ島にある六つの航空基地では、陸・海軍合計して三一一機が攻撃を受け使用不能となった。

ハワイ攻撃の結果、日本海軍の艦艇の被害はなく、航空機の損失も二九機にとどまった。まさに完勝ともいえる戦いであった。日本にとって不運で、米国にとって幸運であったのは空母がハワイに一隻も所在しておらず被害を受けなかったことだ。それがミッドウエー海戦における日本惨敗の大きな要因となってしまったということである。[*62]

ハワイ海戦は、日本海軍により戦艦同士の艦隊決戦は時代遅れであり、空母機動部隊による航空攻撃による戦いが以後の海戦の主体となるということを証明した戦いでもあった。

その後の日米両海軍について付言すれば、米海軍は、ハワイで主要な戦艦群をほぼすべて失ってしまったので、ほとんど自動的に空母機動部隊重視の戦略思想に転換していった。しかし、日本海軍は伝統的に砲術出身・水雷——魚雷攻撃を専門とする職種——出身の軍高官が主導権を握っていた。それに対し、航空分野の専門家は新しい分野であったために山本長官のように海軍において主導権を握れる配置にある者はごく少数であった。

そのような側面もあり、大艦巨砲主義から即時に脱却することはできなかったのである。[*63]

## 航空機対戦艦の初の海戦「マレー沖海戦[*64]」

ハワイ作戦の二日後の昭和一六年（一九四一年）一二月一〇日、日本軍の航空攻撃で英国東洋艦隊の主力艦が撃沈されてしまうという「マレー沖海戦」が生起した。

＊62　『海戦史に学ぶ』二二四—二二六頁
＊63　「対外戦略の狭間に揺れた帝国海軍の組織と戦略」『【山本五十六】常在戦場の生涯と連合艦隊』一二一頁
＊64　この項、『日本海軍がよくわかる事典』三六三頁を基にしている

シンガポールを母港とする英国東洋艦隊の主力戦艦である「プリンス・オブ・ウエールズ」と「レパルス」の二隻が、マレー沖で作戦行動中に日本軍の陸上基地所属の攻撃機により撃沈されたという海戦であった。

日本海軍の空母はすべてハワイ作戦に投入されていたので、陸上基地の航空機で攻撃が実施された。サイゴン（現・ベトナム・ホーチミン）付近から日本海軍の陸上攻撃機八五機が八〇〇キロ以上の遠距離攻撃を実施した。

写真５　マレー沖海戦で被害を受ける英艦艇
（出典：米国のパブリックドメインから）

英国戦艦二隻には護衛の空母もいなかったので航空援護がない状態で日本の航空攻撃を受けてしまった。ボクシングでいえばノーガードで攻撃を受けてしまったということだ。

当時、英国海軍も装甲が強靭《きょうじん》で巨大な戦艦が航空攻撃で沈没してしまうとは思ってもみなかったことであった。

このマレー沖海戦は、洋上における航空機対戦艦の世界初の海戦であり、列国海軍の戦艦至上主義を根底から覆した海戦であった。

前項のハワイ作戦およびこのマレー沖海戦において、大艦巨砲主義（戦艦による艦隊決戦）は時代遅れとなり、海戦における主力は航空兵力に代わっていったということが明らかに証明されたのであった。

## 「珊瑚海海戦」「ミッドウエー海戦」での空母機動部隊間の戦い*65

ハワイ作戦、マレー沖海戦に引きつづいて、昭和一七年（一九四二年）五月七日に珊瑚《さんご》海《かい》海戦が生起した。

この海戦は、オーストラリアの委任統治領パプアニューギニアの要港ポートモレスビー攻略を目指して珊瑚海に進出する日本軍の計画を、暗号解読によって知った米海軍空母部

＊65　この項、土門周平「熾烈なる消耗戦の中、陣頭にて壮烈なる戦死を遂ぐ」『【山本五十六】常在戦場の生涯と連合艦隊』八六頁を基にしている

隊と日本海軍空母部隊の間で生起した海戦である。

翌八日の戦いでは、米空母「レキシントン」および「ヨークタウン」を中核とした部隊と日本海軍の空母「瑞鶴」「翔鶴」「祥鳳《しょうほう》」などを中核とした部隊が直接交戦することとなった。

この海戦は、互いの部隊が視界外から航空攻撃のみで戦った初の事例となった。

米海軍の被害は、空母「レキシントン」が沈没、空母「ヨークタウン」が損傷、航空機の損失は六九機。日本側の被害は空母「祥鳳」が沈没、空母「翔鶴」が損傷、空母「瑞鶴」は無傷であったが搭載航空機に大きな被害を受け、損傷航空機は九七機に上った。

このため、引きつづいて生起するミッドウエー海戦では、参戦を予定していた「翔鶴」と「瑞鶴」を機動部隊に加えることができなかった。

山本連合艦隊司令長官は、ハワイ作戦の際に所在していなかった米空母部隊を撃滅するために、ミッドウエー島近海に米空母部隊をおびき出し、日本海軍の主力の空母機動部隊でもって撃滅するという、所謂、ミッドウエー作戦を計画した。

ただし、当時、日本海軍が得ていた情勢分析では、米空母部隊が即座にミッドウエー近海におびき出される可能性は低く、ミッドウエー島を占領したあとに出撃してくるとの考えに陥っていた――実際は三隻の米空母部隊は日本の捜索圏外で日本艦隊を、満を持して待ち構えていた。

三隻の米空母群が待ち構えているとは知らずに、日本の空母部隊はミッドウエー島に近接した。

七機の索敵機で米空母群の所在を確認したわけだが、整備不良等で発艦が遅れた索敵機の捜索圏に米空母部隊は待ち構えていたので日本側が米空母の所在を探知することが著しく遅れてしまった。

そのため、日本の空母部隊はミッドウエー島攻略を優先し、搭載攻撃機は、空母攻撃のための魚雷を、対陸上攻撃のための爆弾に換装し発艦した。

写真7　ミッドウエー海戦で被害を受ける空母「飛龍」
（出典：日本のパブリックドメインから）

そのミッドウエー島攻略作戦実施中に、米空母部隊に先制攻撃された日本の空母部隊は、大被害を受けることとなった。

この海戦の結果、日本海軍は主力の大型空母六隻のうち参戦できなかった二隻（「翔鶴」「瑞鶴」）を除く四隻（「赤城」「加賀」「蒼龍」「飛龍」）のすべてを失った。

搭載機の損失も三二〇機に上り、開戦以来の日本軍の連戦連勝の勢いに急ブレーキのかかった海戦でもあった。

米軍の損失は空母「ヨークタウン」の大破にとどまった。

ハワイ作戦、マレー沖海戦、珊瑚海海戦およびミッドウエー海戦と立てつづけに生起した海戦により、海上作戦の主役は戦艦群から空母機動部隊に完全に移行していったことが実践として証明されたわけだ。

その後生起するマリアナ沖海戦では、米軍はさらに技術的な進展を即座に導入し、日本海軍の空母機動部隊をほぼ壊滅させるに至ったのである。

## 技術革新が勝敗を決めた「マリアナ沖海戦[*66]」

ミッドウエー海戦ののち、ソロモン諸島方面で空母機動部隊が激突する南太平洋海戦が昭和一七年（一九四二年）一〇月に生起していたが、その後、本格的な空母部隊同士が対峙するような海戦は生起していなかった。

そのような情勢のもと、昭和一九年（一九四四年）六月に一年八ヶ月ぶりに日米の空母機動部隊同士の本格的な海戦が生起した。マリアナ沖海戦である。

ミッドウエー海戦で主力空母を多数失い、搭載航空機およびそのパイロットも多数喪失してしまった日本海軍は、兵力を整え準備万端——少なくとも、日本側はそのように考えていた——のもとでこのマリアナ沖海戦に臨んだ。

サイパンへの上陸部隊を護送してきた米空母機動部隊に対し、日本軍は「アウトレンジ作戦」で対抗しようとした戦いであった。

ここでいう「アウトレンジ作戦」とは、米機動部隊の搭載航空機の行動圏外から——相手の脚が届かない距離から——先制攻撃するという作戦であった。

日本海軍はこの海戦に、空母九隻、搭載航空機四五〇機で臨んだ。米海軍は、空母一五隻、搭載航空機九五〇機と数からしたら圧倒的に米軍に有利な状況であった。

＊66　この項、『日本海軍がよくわかる事典』三六三頁を基にしている

しかし、日本側は航空機の航続距離が米軍よりも長い利点を活かした「アウトレンジ作戦」が成功するのではないかと自信をもって臨んだ海戦でもあった。

海戦の結果は、日本側の目論見どおりにはならず大敗を喫することとなった。

発艦した日本の航空機三三〇機のうち――長距離攻撃であったため航法上の誤差もあり――米空母部隊を発見できなかった機が一三〇機にものぼった。残りの二〇〇機も米空母群の二〇〇キロメートル手前で大半は迎撃された。

その大きな要因は、前の本格的な海戦から二年弱が経過し、米軍はブレイクスルー的な技術革新を達成していたことで

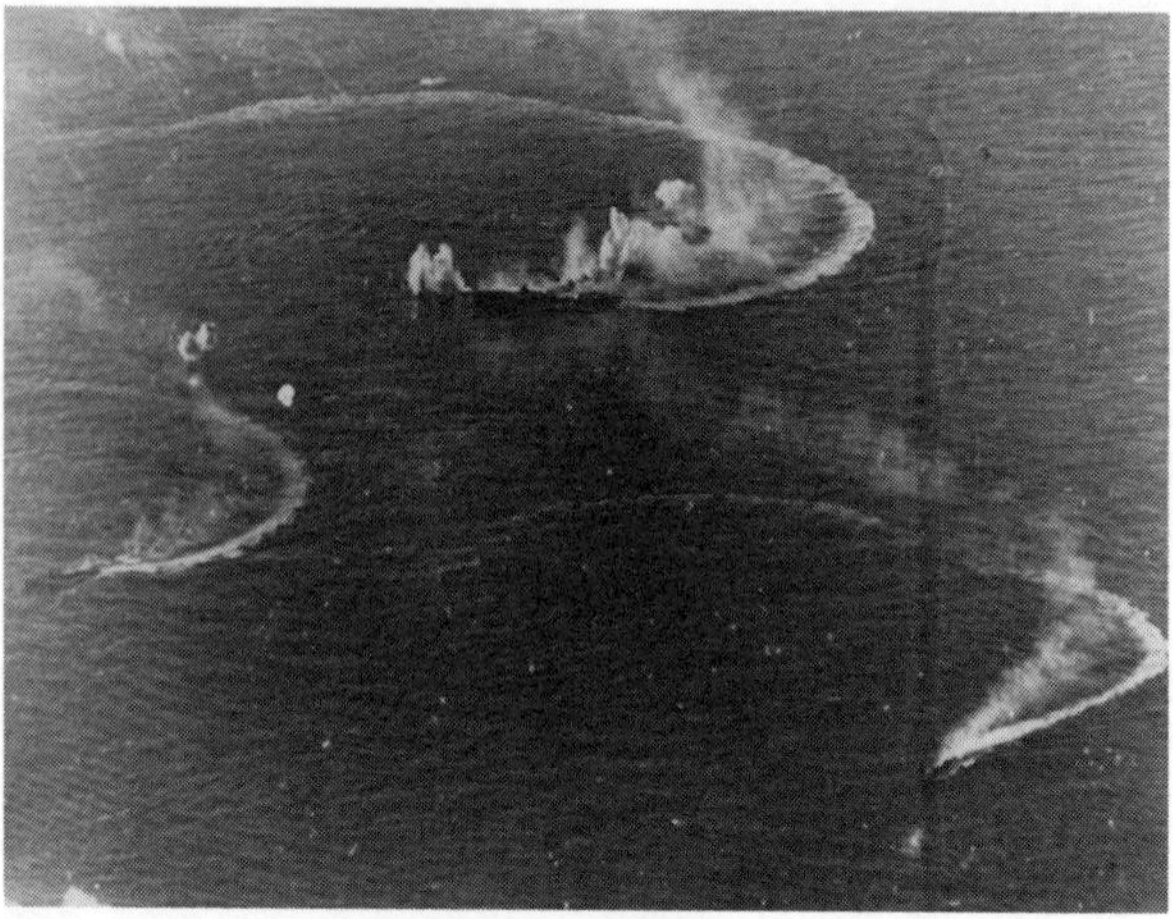

写真8　マリアナ沖海戦で被害を受ける日本艦艇

（出典：呉市海事歴史科学館所蔵、日本のパブリックドメインから）

ある。

その第一は、完成間もないレーダーを使用しており、偵察機の目視に頼ることなく日本軍部隊を捕捉できていたことだ。

また、その敵情報は戦闘情報センター（ＣＩＣ：Combat Information Center）から航空機や他の艦艇に無線通信で共有され、作戦指示も与えることができていた――現代戦におけるデータリンクを使用した指揮統制に通じる戦い方である。

第二は、何とか米艦艇に近接できた航空機も米軍が新たに使用したＶＴ信管[*67]（近接信管）により打ち落とされてしまったということだ。

日本軍としては、考えに考え抜いた「アウトレンジ作戦」を実行して、米軍の行動圏外からの攻撃はできたものの、それを上回る技術力で敗北してしまったという海戦であった。日本の空母機動部隊は事実上この海戦により壊滅してしまった。

＊67　「ＶＴ信管」とは、砲弾が直接目標に命中しなくても微弱な電波の検知や熱源の検知により爆発し、その破片で目標を撃墜するもの

## 「レイテ沖海戦」で決定づけられた大艦巨砲主義の終焉[*68]

マリアナ沖海戦で主力の空母機動部隊が壊滅した日本海軍は、開戦当初から多大な成果を収めた空母による攻撃作戦ができなくなり、「大和」「武蔵」を中心とした戦艦・巡洋艦群で戦うしか残された方策はなかった。

勢いに乗る米軍はついにフィリピン・レイテ島に上陸し、フィリピン奪回作戦の段階に突入した。

これに対し日本軍は、これまで大きな戦果を収められずに残っていた手持ちの戦艦・巡洋艦群を空母による援護なしにレイテ湾に突入させ、陸上基地を砲撃することで、事態の

写真9　レイテ沖海戦で煙幕を張る米艦艇

（出典：米海軍国立海軍航空博物館、パブリックドメインから）

打開を図った。それで生起した海戦が、レイテ沖海戦であった。

戦いの主力が戦艦から航空機に移っていた戦争後期には、戦前最強と謳《うた》われていた戦艦群もまったく歯が立たなかった。

「武蔵」をはじめ五隻は撃沈され、結局残った艦は反転し戻らざるを得ないという結果であった。

この戦いを最後に連合艦隊は艦隊としての作戦ができなくなり、事実上連合艦隊は消滅した。大艦巨砲主義が終焉《しゅうえん》した象徴的な戦いでもあった。

## 第二次世界大戦時の技術革新と軍艦の進化

この期の技術革新と軍艦の進化を総括する。

日本が海軍軍縮条約を離脱し、世界各国海軍は再び無制限な建艦競争に突入していった。

そのなかで日本海軍がまず重視したのが個艦優越の考え方で、一隻で優越を獲得できるような巨大な砲を装備した、世界最大の軍艦を建造することであった。

＊68　この項、『日本海軍がよくわかる事典』三六五頁を基にしている

それで生まれたのが射程四万メートルの四六センチ砲を装備する世界最大の戦艦「大和」である。

ところが、第一次世界大戦後出現した航空機は日進月歩の進化を遂げ、単に偵察任務や、艦艇の射撃を支援するのみならず艦艇を魚雷攻撃により撃滅したり、陸上施設を遠距離から攻撃し無力化できるようになった。

それを機動的に運用するために生まれたのが、空母である。

航空機の進化と空母の出現で、戦艦の時代（大艦巨砲主義）は終焉した。

米軍では、その空母機動部隊をさらに効果的に運用するために、レーダーや指揮通信機器、およびVT信管などを開発し、技術革新でもって日本軍を凌駕《りょうが》していった。

換言すれば、第二次世界大戦では、技術革新が軍艦自体の建艦思想を変え、戦い方も根本から変えていったということになろう。

本章まで、先行研究を振り返る形で、紛争・戦争に伴う技術革新と軍艦の進化について述べてきたが、次章からは、戦後の現代戦から近未来戦に至るまでの技術革新と軍艦の進化について、筆者の永年にわたる自衛隊勤務、とくに艦艇乗組み勤務および開発部隊勤務を通じた実体験とそれを通じた調査研究内容を中心に考察していきたい。

# 第五章　第二次世界大戦後・米ソ冷戦期の軍艦

## 米ソ冷戦時代の到来

第二次世界大戦が終結し、戦勝国である米国、英国、フランス、ソ連（ソビエト連邦）および中国（終戦時は中華民国〔現・台湾〕、現在では中華人民共和国）を中心として国際連合が設立され、新たな国際枠組みのもとで、軍事力整備、軍備管理等が行われることとなった。

そのなかでも中核となったのは、核兵器大国でもある米国およびソ連である。その米ソが主体となって四〇年にわたり米ソ冷戦と呼ばれる時代が続いた。

すなわち、米ソ冷戦とは、第二次世界大戦後に米国や西欧を中心とする西側陣営と、ソ連などの東側陣営との間で生起した世界を二分した対立である。

米ソは直接的に武力衝突せず、アジアやアフリカ諸国での局地戦や情報戦が主だったため「冷たい戦争（冷戦）」と呼ばれた。米ソはともに核保有国で、大きな戦力を抱えてのにらみ合いであった。

本章では、この米ソ冷戦の対立構造のなかで、米国およびソ連の軍艦の進化を中心に取り上げていきたい。

## 第二次世界大戦後の海軍力の重要性[*69]

前章までに述べてきたように、第二次世界大戦の前までは、強大な海軍力を保有し、外洋艦隊と呼べるような海軍力を保有していたのは、米国、日本および英国であり、ドイツ、ソ連、フランスおよびイタリアがそれに次ぐ海軍力を保有するといった情勢であった。

しかし、第二次世界大戦後は、敗戦国の日本、ドイツ、イタリアはもちろん、英国やソ連も戦争の影響で疲弊《ひへい》してしまい、外洋海軍力（所謂《いわゆる》、ブルーウオーター・ネービー[*70]）を保有していたのは米国のみとなってしまった。

その後、米国に対抗しようとする勢力が台頭してきた。それがソ連である。

ソ連は戦後レジームのなかでふたつのことを理解し、それを実行に移そうとしたのである。

＊69　この項、江畑謙介「大洋艦隊の戦略的価値」『兵器最先端3――大洋艦隊』（読売新聞社）一〇―一一頁を基にしている

＊70　「ブルーウオーター・ネービー」とは、外洋を主たる活動の場として世界的に活動できる海軍のこと。実際にその海軍力を構成するものの定義はさまざまだが、広範囲での海上優勢を行使する能力が必要とされる。また、地域海軍や沿岸海軍と対比される用語でもある

その第一は、ソ連のような大陸国家は海に進出して海を活用しない限り経済的な発展は望めないということである。ましてや覇権などとれない。

ソ連の南下政策は帝政ロシア時代からあったが、第二次世界大戦後、ますますその重要性に気付いたと言えよう。

第二は、米ソ冷戦の二極構造のなかで、対極の海軍大国の米国に対抗するには、それに匹敵するような外洋海軍力が必要だということだ。

元々、ソ連は第二次世界大戦時から強力な潜水艦部隊を保有していたが、ここでいう外洋海軍力は、「プレゼンス」という意味合い——本書第一章では「砲艦外交」の語を使用した——で、巨大な艦を見せつければ見せつけるほど相手側の受ける脅威度は高くなるということである。

どんなに強大な潜水艦部隊をもっていたとしても、目に見えない潜水艦から受ける脅威とは異なり、目に見える巨大な水上艦艇部隊から受ける脅威というものは、格段に高くなるということだ。

戦後、一貫して世界の公海における「航行の自由」を確保・維持することが経済の発展を支え、国力を増強するための最重要な施策であると米国は考えていた。そのためには強大な海軍力が必要だということだ。

戦前にも当然そのような考え方はあったが、戦後になってひとつだけ変化要因が加わった。それは核兵器である。

そこで、米海軍がまず考えたのは、空母から核兵器搭載の攻撃機を発艦させることであった。搭載航空機も戦後にはジェット化されて、より遠距離に、より高速に移動できるようになった。

いまひとつ米海軍が考えたのが、空母以外の巡洋艦や潜水艦から核兵器搭載のミサイルを発射することであった。

そのために、一九六〇年代に入り潜水艦発射の弾道ミサイル（ＳＬＢＭ）を開発し、それを装備する戦略原子力潜水艦（ＳＳＢＮ）を建艦しはじめた。

そのようなトレンドの最前線にあったのが米国であるが、それを猛追していたのがソ連だ。ソ連にとって最も大きな脅威だったのが米海軍を主力とする西側諸国の空母機動部隊であった。

ソ連は元々過剰な防衛意識をもつ国で極度に核兵器に依存する戦略を有している。そのため、安全保障上の最後の砦《とりで》として核兵器を考えているということだ。そのソ連の核兵器を海上から攻撃することのできる米海軍の空母機動部隊というものを極度に恐れていたのである。

そこで、この脅威を排除するために攻撃型原潜を多数建造するとともに、新型の対艦巡航ミサイルを多数開発し、それを保有する水上艦艇や潜水艦を増強していった。

## 朝鮮戦争・ベトナム戦争が証明した空母機動部隊の重要性[*71]

第二次世界大戦後、初の大きな戦争・紛争が朝鮮戦争である。

まず、一九五〇年六月にソ連のヨシフ・スターリンの同意と支援を取り付けた金日成率いる北朝鮮が、事実上の国境線と化していた三八度線を越えて韓国に侵略戦争を仕掛け、朝鮮戦争が生起した。

当時、米海軍は三隻の空母を太平洋方面に展開していた。また、英海軍も軽空母「トライアンフ」を展開していた。

米海軍は朝鮮半島の最も近くに展開していた空母「ヴァリーフォージ」を対応に向かわせ、「トライアンフ」と合流、随伴艦の巡洋艦二隻と駆逐艦一〇隻で機動部隊を編成し、北朝鮮の首都平壌《ピョンヤン》を攻撃した。

北朝鮮側は首都を攻撃されたことのショックは大きく、空母機動部隊の重要性が戦後改めて証明された事象であった。

「ヴァリーフォージ」空母機動部隊は、平壌のみならず元山《ウォンサン》、興南《フンナム》、ソウルなどの空爆も行い、その有効性を見せつけた。

一九五三年に休戦するまで米空母機動部隊による作戦は、述べ一七隻の空母が投入され、回数は二五万回にも達した。

また、朝鮮戦争での航空攻撃ではジェット機が初めて投入された。そのため、朝鮮戦争後、米海軍は以前にも増してさらに大型の空母を建造していくことになった。

空母機動部隊の重要性がさらに証明されたのが、ベトナム戦争である。

一九六四年八月、トンキン湾で米海軍駆逐艦と北ベトナム海軍の魚雷艇が攻撃し合ったことに端を発し、ベトナム戦争が生起した。これに伴い米海軍は、空母機動部隊による北ベトナムへの海上からの爆撃作戦を行った――翌一九六五年から本格化し、恒常的な作戦となった。

＊71　この項、水野民雄「無敵、米空母機動艦隊」『兵器最先端3――大洋艦隊』（読売新聞社）二七―二八頁、三〇―三一頁を基にしている

「ローリング・サンダー」と命名されたこの作戦は、タイの基地から発進する空軍爆撃機と海軍の空母機動部隊からの爆撃機の共同攻撃として実施された。

空母機動部隊からの攻撃は、米海軍による海上優勢のもとに実施されていた。そのため、北ベトナムの目標から二〇〇～五〇〇キロメートルという比較的近距離から攻撃が可能で、攻撃回数も多く、攻撃を受けても帰還することができ、有利な条件で作戦を実行できた。

朝鮮戦争時と同様に、空母機動部隊の重要性が改めて証明された事例であった。

## 米戦艦「アイオワ」級の復活とソ連大型原子力巡洋艦「キーロフ」級の登場[*72]

朝鮮戦争やベトナム戦争においては、空母機動部隊の有用性が証明されたわけだが、その後、大型艦を再評価する動きも出てきた。

第二次世界大戦後、戦艦・巡洋艦などの大型艦が海戦における主力の地位を空母機動部隊に譲ったことに伴い、戦勝国の米国や英国を中心に、大型艦の退役、除籍が進められていた。

ところが、米海軍では、「アイオワ」級戦艦の四隻のみモスボール[*73]として保管していた。

その後、米海軍では「アイオワ」級戦艦の有用性を再評価し、空母機動部隊と共同運用することを考えたのである。

「アイオワ」装備の四一センチ砲は、三九キロメートルの射程があり、その砲弾は厚さ九メートルのコンクリートを破壊することができると言われていた。

当然、空母機動部隊からの爆撃機のほうが陸上から遠距離の位置で運用でき、有用だ。しかし目標からの距離を四〇キロメートル以内に限定すれば、空母から爆撃機を飛ばすより、柔軟に運用でき、気象海象の影響を受けることも少なく、費用対効果も高いということだ。

遠距離では空母で、近接できたあとは大型艦の砲撃で、との共同運用を考えたのである。ということで、米海軍では、モスボールとして保管していた「アイオワ」級戦艦四隻を現役に復活させたというわけなのである。

ベトナム戦争では、同級戦艦の「ニュージャージー」を復活させ、作戦に従事させた。

＊72　この項、宇垣大成「復活した『対艦巨砲』・戦艦アイオワ級（米）」『兵器最先端3——大洋艦隊』（読売新聞社）七二頁を基にしている

＊73　「モスボール」とは、軍事分野では、兵器などの機器を予備役にすること。具体的には、再使用を考慮して極力劣化を防ぐため、開口部に防水加工などを施し、保管すること

わずか一一〇日の作戦で四一センチ砲の砲弾五六八八発を陸上目標に打ち込み効果を上げたことがわかっている。

さらにその後、大型艦を運用する有用性も出てきた。それは、トマホーク巡航ミサイルの登場による。

初出当時のトマホークの最大射程は約五〇〇キロメートルとされた。そのトマホークをスペースが広い戦艦に搭載することで、大砲のみでは四〇キロメートルに限定されていた攻撃圏をトマホークの攻撃圏にまで大幅に延伸することができるようになった。

また、大型艦ということで、海軍のプレゼンスを示すことができるという「ショー・ザ・フラッグ」機能の有用性もある。

海軍黎明期《れいめいき》から、「砲艦外交」を各国海軍は実施してきたわけであるが、四万トンを超えるアイオワ級戦艦の威容を使ったプレゼンス能力は、より強大である。

筆者は一九八八年に、初級幹部として環太平洋合同演習「リムパック88」に参加し、パールハーバーを訪問した。

その際、モスボールから復活し現役艦艇として活躍していた戦艦「ミズーリ」[*74]を遠目ではあったが目の当たりにし、その大きさに驚愕《きょうがく》した――アイオワ級の排水量が約四万八〇

○○トンに対し、このとき乗艦していた海自最大の護衛艦「しらね」の排水量は五二○○トンであった。米海軍の底力を改めて感じた次第だ。

アイオワ級戦艦の「ミズーリ」は、元々保有していた四一センチ砲の能力、装甲の強靱《きょうじん》さに加えて、最新の巡航ミサイル能力、対艦ミサイル能力、個艦防空能力および指揮統制能力などを得ていた。筆者は現代戦にも十分対応できるように改修されている姿を目の当たりにすることができたということだ。

艦上を見ると、四一センチの巨砲とトマホーク長距離巡航ミサイルが共存しているとい

写真1　パールハーバー停泊中の戦艦「ミズーリ」とそれを望む「リムパック」参加中の筆者　(出典：筆者提供)

＊74　戦艦「ミズーリ」は、東京湾に停泊中、大東亜戦争の降伏文書に署名した艦としても知られている

う異様な姿を確認することができた（写真1参照）。

大型艦の有用性については、米ソ冷戦のいまひとつの対立軸であるソ連も研究を重ねており、その結果、彼らは重兵装で万能型の大型原子力ミサイル巡洋艦「キーロフ」級を建造することになる。

「キーロフ」は、排水量二万八〇〇〇トン、原子力推進で、対陸上、対艦、対空、対潜水艦のあらゆる兵装を装備した。当時、空母を除いては、最も重兵装の艦と言ってもいいだろう。

さらに「キーロフ」は、その後にソ連が建造することになる「キエフ」級垂直発着艦機搭載空母とともに、空母機動部隊の中核を担う艦として建造されたことが透けても見える。

「キーロフ」の重装備の特徴を少し述べてみたい。

まず、対艦ミサイルのSS－N－19を二〇発搭載している。このミサイルは速力マッハ二・五、射程五五〇キロメートルで、米軍のトマホークに匹敵する能力を有するミサイルと言えよう。そのうえ、高速で飛翔するので撃ち落としにくい。

また、SA－N－6の対空ミサイル発射機を一二基搭載している。これは最大射程八〇キロメートルでイージス艦のように複数目標に対処可能とも言われているが、詳細は不明である。

さらに、ＳＳ－Ｎ－14対艦・対潜ミサイルも装備している。

対潜水艦兵装としては、魚雷発射管や一二連装の対潜ロケット発射機も装備しており、対陸上、対艦、対空、対潜水艦のすべての戦闘ができる装備を保有している。米海軍のアイオワ級戦艦同様、その巨大な艦型からプレゼンス効果も大きい艦と言えよう。

「キーロフ」級二番艦の「フルンゼ」は、一九八五年に極東に回航され、その後、ウラジオストックを母港とした。回航時には、太平洋において脅威が高まるとして、テレビ・新聞等で大きく報道された。*75

写真2　洋上航行中のソ連大型原子力巡洋艦「キーロフ」級2番艦「フルンゼ」
（出典：米国のパブリックドメインから）

## ソ連海軍の海軍戦略[*76]と艦艇建艦計画

さて、ここで第二次世界大戦後、スーパーパワーとして米国に挑戦してきたソ連海軍についてて、その成り立ち、戦略、および建艦計画についてまとめてみたい。

ソ連は、元々ユーラシア大陸にまたがる広大な大陸国家であり、軍事力の見地からは強大な陸軍国家である。

それゆえ、ソ連海軍というものは強大な陸軍――彼らの呼称する「地上軍」――を支える沿岸海軍の性格が強い海軍であった。

しかし第二次世界大戦後は、強大な核兵器を保有する軍事力により、スーパーパワーの地位を手に入れるようになった。

そこで、彼らは軍事的にも経済的にも海洋に進出することが国益に適うとの考えに至り、外洋海軍を目指すようになった。

そのきっかけ的な事象が一九六二年のキューバ危機[*77]である。

キューバ危機においては、米国の海軍力を使ったキューバ封鎖に外洋海軍を保有していなかったソ連は十分に対抗できなかった。そして、米国の要求どおりソ連はキューバから中距離弾道ミサイル部隊を撤退せざるを得なかった。

ソ連はこれにより、外洋海軍力の重要性を痛感することとなった。

先に触れたとおり、一九六〇年代に至るまでは、米海軍の空母機動部隊がソ連本土を核攻撃する可能性があり、その脅威に対抗するために、また、空母機動部隊がソ連本土に近接するのを阻止するために、潜水艦と沿岸防衛用の水上艦艇を多数建造していった。

加えて、この空母機動部隊を攻撃するために、大型の対艦ミサイルを多数装備する水上艦艇と潜水艦も建造するようになった。*78

そのような、どちらかというと受け身の海軍戦略だけでは、米国に対抗できないと考えたソ連は、キューバ危機での教訓も踏まえて、外洋海軍を建設しようとする戦略に転換し

＊75　横田博之「ソ連海軍史上最強艦キーロフ級」『兵器最先端3――大洋艦隊』（読売新聞社）八五、九〇―九一頁
＊76　久保正敏「ソ連海軍戦略の形成過程とその特質」『拓殖大学 機関リポジトリ』〈https://takushoku-u.repo.nii.ac.jp/?action=repository_action_common_download&item_id=125&item_no=1&attribute_id=20&file_no=1〉を参考としている
＊77　「キューバ危機」とは、一九六二年一〇月に冷戦の対立が激化し、核戦争寸前まで危機が高まったがそれを間一髪で回避した事件のこと
＊78　勅使河原剛「ソ連艦艇の建造思想」『兵器最先端3――大洋艦隊』（読売新聞社）九七―九八頁

たのである。

そして、前項に掲げた重装備の大型原子力巡洋艦「キーロフ」級を建造した。加えて、考えたのが、米国同様の「洋上の航空部隊」、すなわち、空母を建造することであった。

## ソ連「キエフ」級空母と各国海軍の軽空母*79

空母の必要性を痛感したソ連が最初に建造したのが「キエフ」級空母である。

一九七六年に初めて西側諸国の前に姿を現したこの艦は、巡洋艦と空母が融合されたような艦型であった——ソ連側も戦術航空機搭載巡洋艦と呼称していた。

西側諸国がカテゴライズしている正規空母とは少し兵装も運用法も異なる艦であった。とくに、航空兵力を運用するとともに巡洋艦に準じた多数のミサイルを搭載している独特な設計思想だった。

「キエフ」級は全長が二七五メートル、船幅が三八メートル、満載排水量が三万七一〇〇トンとソ連海軍初めての大型艦である。

巡洋艦並みの強力な固有兵装を装備する非常に攻撃能力が高い艦ではあったが、肝心の航空兵力は、Ｙａｋ‐36／38といった垂直／短距離離発着機のみであり、米海軍の空母が運用できるような通常の離発着が可能な航空機は運用できなかった。

厳密には正規空母の範疇《はんちゅう》ではなく、機能的には軽空母に分類すべきレベルであった。しかしながら、艦の威容と大きさ、攻撃能力の高さからソ連海軍の脅威が大幅に高まったとの評価がなされた。

この「キエフ」級の二番艦「ミンスク」が完成し、極東に回航されたのは一九七九年であった。

引きつづき、一九八二年には三番艦の「ノヴォロシスク」が完成し、当初は北極海に面した北方艦隊に配備されたが、一九八四年には、極東に回航され、太平洋艦隊は「キエフ」級空母の二隻体制となった。

＊79　この項、岡部いさく「現代空母の潮流—V／STOL空母」『兵器最先端3—大洋艦隊』（読売新聞社）一一二—一一四頁、一二〇—一二二頁を基にしている

写真3　洋上を航行中のソ連空母キエフ級2番艦「ミンスク」
（出典：米国のパブリックドメインから）

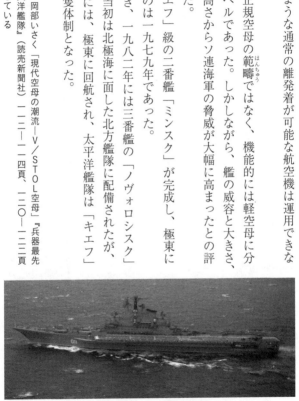

回航時は、メディアでも大きく報道され、ソ連海軍の脅威がどのようになったのかが大きな話題となっていた。

筆者も当時は防衛大学校の学生であり、教官や同級生とソ連海軍太平洋艦隊の空母二隻体制が、我が国周辺海域の安全保障にどのような影響を及ぼすのかを激しく討論したのを思い出す次第である。

一九八五年四月には、「ノヴォロシスク」は七隻の随伴艦を率いてミッドウエー島沖で演習したり、同年八月には随伴艦二〇隻を率いてオホーツク海で演習をするなどプレゼンスを示していた。

加えて、同年一一月には先に触れた大型原子力巡洋艦「キーロフ」級二番艦の「フルンゼ」が極東に配属されるなど、ソ連海軍太平洋艦隊の兵力が次々と増強されていった。

空母保有については、米国以外にも同時期に動きがあった。それは、英国海軍の「インビンシブル」級軽空母の建造である。

戦後、本格的な攻撃型の正規空母を保有するには、建造に要する技術、維持、運用に関し、莫大な予算が必要となり、米国以外には簡単には保有できない情勢になっていた。ソ連海軍でさえ、前述の「キエフ」級空母を建造するのが精いっぱいであった。

そのようななか、英海軍が画期的な軽空母の建造という形で回答を出した。それが、排水量一万九〇〇〇トン、シーキング対潜ヘリコプター、シーハリアー垂直離発着機を合計して一四機、標準で搭載でき、それを限定的な任務で使用するということだ。

フォークランド紛争にも「インビンシブル」級軽空母は参戦し、大きな成果を収めた。米空母機動部隊とは比較するまでもないが、島しょ奪回などの限定的な作戦では一定の成果を収めることが証明されたわけだ。

以後、将来的に正規空母の導入を目指す一部の国（中国、インド、フランスなど）を除き、軽空母を建造する国が増えていった。

## 多数建造された対潜水艦戦（対潜戦）重視の艦艇および対潜ヘリコプター

第二次世界大戦後、空母機動部隊の重要性、大型艦の復活、軽空母の登場などについて述べてきたが、引きつづき潜水艦の脅威というものも増大している。

潜水艦の動力が原子力化し、高速化するとともに、静粛化し、長期潜行が可能となる状況になると、水上艦からの対潜戦は非常に困難を伴うようになってきた。

攻撃後、水中を三〇ノット以上の高速で避退できる原子力潜水艦を水上艦で追い詰めることは、まず不可能である。

これを補うことができるのが、対潜ヘリコプターである。そこで、各国の海軍は、対潜ヘリコプターを搭載できる水上艦艇を建造するようになってきた。

そのような艦艇のなかで代表的なものは、米国では「スプルアンス」級駆逐艦である。[*80]そのほかの海軍も新型艦にはヘリコプターを搭載することが、ひとつのトレンドとなっていった。

ヘリコプター搭載のメリットは大きく三つある。

第一は、ヘリコプターは垂直発着艦が可能で、固定翼航空機を運用するように広い全通甲板をもった空母を必要としないことだ。駆

写真4　米「スプルアンス」級駆逐艦「ヘイラー」

（出典：米国のパブリックドメインから）

逐艦レベルのサイズの艦でも後部に一定の広さの飛行甲板と格納庫を整備することで、比較的容易にヘリコプターを使った作戦ができるということである。

第二は、ヘリコプターの速力である。固定翼機に比べれば格段に遅いが、艦艇の三～四倍の一〇〇ノット以上で飛行することはできる。水上艦ではできない広域の哨戒《しょうかい》、捜索、追尾が可能であり、三〇ノット以上で避退する原潜も追い詰めることができる。

第三は、ヘリコプターはホバリング――空中における一定位置の保持――が可能で、この特性を活かし、音響捜索装置（ソナー）を水中まで吊るし、海中を捜索できることである。

このようなメリットから、空母をもてない国の海軍にとっては非常に有益な装備であり、各国は競って、ヘリコプター搭載艦を建造したのである。

我が国も「はるな」級ヘリコプター搭載護衛艦を建造して以降、汎用型護衛艦にも一機ずつヘリコプターを搭載できるように防衛力整備を進めた。

第二次世界大戦前に日本海軍は「八・八艦隊」構想――戦艦八隻、巡洋戦艦八隻の編成

＊80　水野民雄「対潜戦（ＡＳＷ）の切り札・対潜ヘリコプター」『兵器最先端3――大洋艦隊』（読売新聞社）一五九、一六二頁

——をもっていたが、これに準《なぞら》えて、海上自衛隊でも通称として「八・八艦隊」という語を使っていたことがある。

海上自衛隊が使用した「八・八艦隊」とは、ひとつの護衛隊群——海上自衛隊が大きな作戦を行う場合の基本的な部隊編成——を護衛艦八隻、搭載ヘリコプター八機で編成し、複雑化する現代戦に対処するといった構想であった。

海上自衛隊で最初にこの「八・八艦隊」構想が実現したのは一九八五年であった。当時の編成は次のとおりであった。[*81]

【一個護衛隊群の編成】
・旗艦　ヘリコプター搭載護衛艦（DDH）「しらね」五二〇〇トン、ヘリコプター三機搭載
・対空ミサイル護衛艦（DDG）「あまつかぜ」「あさかぜ」各三八五〇トン、搭載ヘリコプターなし
・汎用型護衛艦（DD）「はつゆき」「しらゆき」「さわゆき」「いそゆき」「はるゆき」各二九五〇トン、各ヘリコプター一機搭載

これをもって、「八・八艦隊」が達成できたのである。

筆者もこの三年後に、ヘリコプター搭載護衛艦「しらね」の通信士として、環太平洋合同演習「リムパック88」に参加した。

この演習には「しらね」以下八艦、八機の所謂「八・八艦隊」で初めて臨み、米海軍との大規模な合同演習を成功裏に実施した。「八艦・八機」の艦隊構想の有効性が証明された演習でもあった。

## ソ連の飽和攻撃とイージス艦の登場[*82]

ソ連海軍にとって目の上のたんこぶ的な存在なのが米海軍の空母機動部隊であった。

写真5　「リムパック88」参加の海自8・8艦隊旗艦「しらね」から米海軍「ニミッツ」機動部隊を望む　（出典：防衛省HP）

＊81　野村實『海戦史に学ぶ』（祥伝社新書）三六六頁。
＊82　この項、木津徹「艦隊防空の革命児・イージス艦」『兵器最先端3——大洋艦隊』（読売新聞社）を基にしている

それに対抗する手段としてソ連が考えたのが、空母機動部隊に対し、異方向から同時に多数の対艦ミサイル攻撃を行い、対空対処能力を飽和させることで、空母機動部隊を撃滅するといった戦術であった。

すなわち、ありとあらゆる対艦ミサイルを使って飽和攻撃することで、相手側の米軍に対応する暇を与えず、対処能力を超えた攻撃を加えるといった戦術である。

このようなソ連の意図が判明したため、米軍がこれに対抗するために開発したのがイージス艦である。

イージス艦は最新のコンピュータ化されたフェーズドアレイレーダーを用い、捜索用レーダーと追尾用レーダーを一体化することで、ほぼ同時に異方向から襲来する複数のミサイルに対処が可能だ。

イージス艦が登場する前の在来型の対空ミサイル搭載艦では、次の手順で目標に対処していた。

①捜索用の対空レーダーで目標を捜索する。
②同レーダーで目標を探知したら、この目標の追尾および敵味方識別を行う。

③捜索用レーダーの追尾情報を射撃指揮用レーダーに移管し、射撃指揮用レーダーで再度追尾する。
④射撃指揮用レーダーの追尾情報に基づき、ミサイル発射または大砲の射撃を行う。ミサイルについては誘導まで行う。
⑤目標に命中したかどうか、攻撃効果を射撃指揮用レーダーで確認する。

この①から⑤の操作のリアクションタイムが短ければ、すぐに次の目標に対処行動を移すことができる。

しかし、ソ連が企図したように、異方向から大量の対艦ミサイルを同時に撃ち込まれると、①から⑤の動作をひとつの目標に行っている間に、引きつづいて飛来するミサイルに対処する時間を確保できずに被弾してしまう可能性があるということだ。

つまり、射撃指揮用レーダーは、ひとつの攻撃目標に対して、それを追尾・攻撃・攻撃効果の判定まで拘束されてしまい、ひとつの目標に対する対処が終わらないと、次の目標への対処行動はできない。

在来の対空システムでは、そのような制限があるのだ。

複数目標に対処するには、射撃指揮用レーダーを多数保有すればいいということになるが、艦上のスペースの関係で、一艦あたり射撃指揮用レーダーは数個しか装備できない。

換言すると、射撃指揮用レーダーの物理的な保有数に同時対処できる目標数が依存してしまっているということだ。

イージスシステムではこの①から⑤の動作をコンピュータ化されたフェーズドアレイレーダーでほぼ同時に複数目標に対して行うことができるということで、在来の対空ミサイルシステムの弱点を解決したということだ。

すなわち、イージスシステムの使用するフェーズドアレイレーダーとは、捜索用レーダーと射撃指揮用レーダーを一体化させたうえで、機能的にはコン

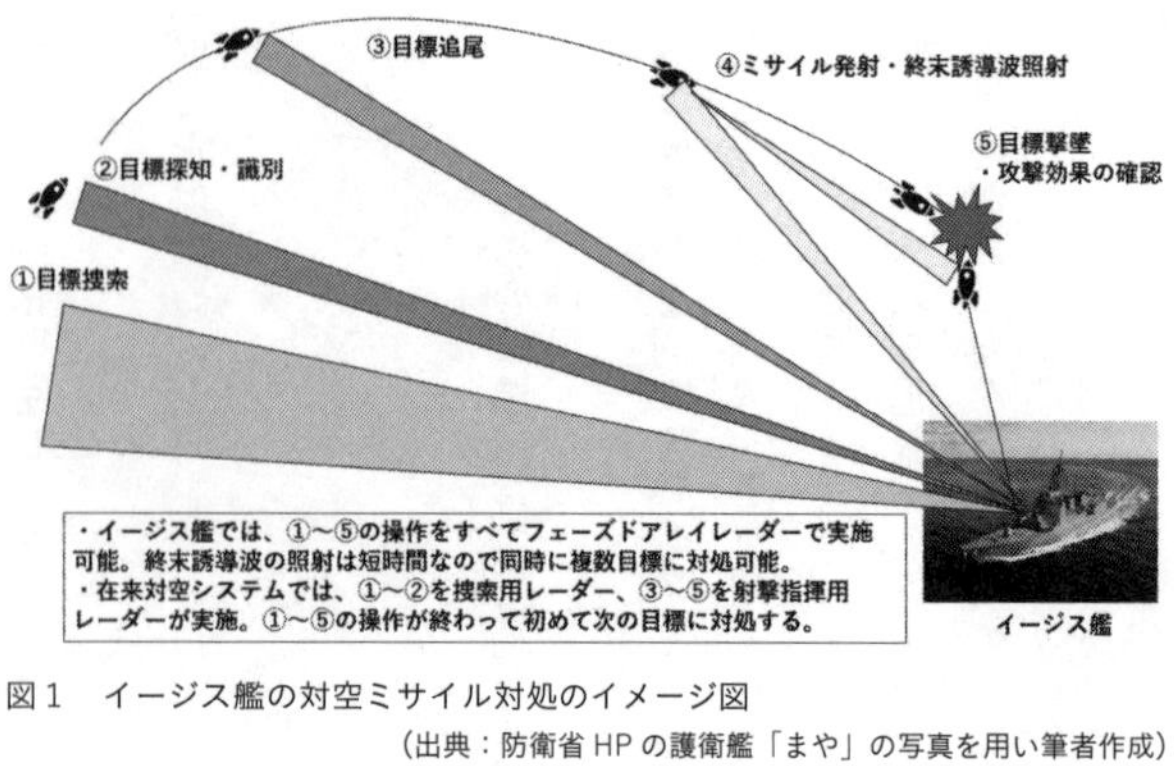
③目標追尾
④ミサイル発射・終末誘導波照射
⑤目標撃墜
・攻撃効果の確認
②目標探知・識別
①目標捜索
・イージス艦では、①～⑤の操作をすべてフェーズドアレイレーダーで実施可能。終末誘導波の照射は短時間なので同時に複数目標に対処可能。
・在来対空システムでは、①～②を捜索用レーダー、③～⑤を射撃指揮用レーダーが実施。①～⑤の操作が終わって初めて次の目標に対処する。
イージス艦

図１　イージス艦の対空ミサイル対処のイメージ図

（出典：防衛省 HP の護衛艦「まや」の写真を用い筆者作成）

ピュータ上で射撃指揮用レーダーを多数もつというようなシステムであるとも言えるだろう。だから、同時に複数目標に対処できるのである（図1参照）。

米海軍が最初にこのイージス艦を建造し、運用を始めたのが一九八三年である。「タイコンデロガ」だ。

「タイコンデロガ」級は、先に触れた対潜駆逐艦として建造・運用されていた「スプルアンス」級にイージスシステムを搭載する形で建造された艦である。一九八三年から一九九四年にかけて能力を向上させながら二七隻を建造した。

さらに艦のデザインの設計段階からゼロベースで建造されたのが「アーレイ・バーグ」級イージス駆逐艦である。

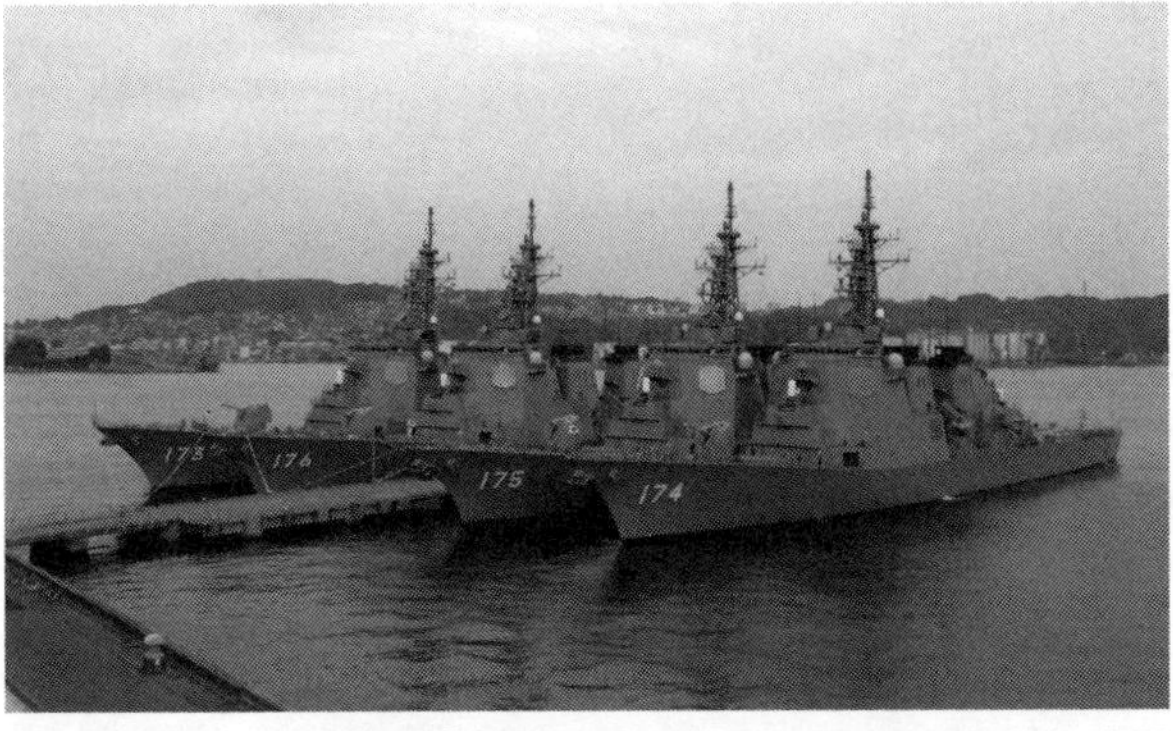

写真6　海自イージス護衛艦「こんごう」級4隻（出典：防衛省・海自撮影）、撮影当時、最右翼「きりしま」に第8護衛隊司令として筆者乗艦

イージスシステムのカギとなるSPY－1Dフェーズドアレイレーダーの射界確保を第一に考慮されたうえで、艦全体が設計された。また、相手のレーダーからの探知を局限まで低減することを目的としてステルス性を考慮して設計された米海軍初めての艦でもあった。[*83]

米海軍と連携を深める各国海軍もイージス艦の導入を始めた。

米国以外の国で初めてイージス艦を保有したのは我が国であった。

海上自衛隊で初のイージス艦「こんごう」は、一九九三年に就役した。その後、弾道ミサイル対応への改修等の近代化を重ね、執筆時現在で八隻（「こんごう」級四隻、「あたご」級二隻、「まや」級二隻）を保有している。

防衛力整備計画に記載される計画艦二隻およびイージスシステム搭載艦二隻――弾道ミサイル対処に特化した艦――を含めると、海上自衛隊はイージス艦一二隻体制になる予定である。

米国および日本以外の国でイージス艦を導入（予定）している国は、スペイン、韓国、ノルウェー、オーストラリアの四ヶ国である（執筆時現在）。

＊83　坂本明『最強　世界の戦闘艦艇図鑑』（学研パブリッシング）四二頁

# 第六章　ポスト冷戦期の現代戦における各国の軍艦

## 弾道ミサイル脅威に伴うイージス艦の進化

冷戦期にソ連の多目標・異方向・同時攻撃に対処するために生まれたイージス艦だが、コンピュータを駆使したその高度な対処能力は、ポスト冷戦期にも威力を発揮することになる。それが弾道ミサイルへの対応である。

イージス艦は異方向から同時に弾着する対艦巡航ミサイル攻撃に対処するために、フェーズドアレイレーダーを装備している。

繰り返しになるが、フェーズドアレイレーダーについて説明する。このレーダーは、全周にわたって電子ビームを照射することで異方向から襲来する複数のミサイルの捜索・探知・追尾ができる。他方、既存の対空レーダーではレーダーの照射面を機械的に三六〇度回転させることで全周捜索を行っていた。このような性能を有するフェーズドアレイレーダーであれば、電子ビームをコンピュータ管制することで高速な目標にも対処可能である。その長所を最大限に利用し、弾道ミサイルに対処しようと考えたのである。

すなわち、レーダー・エネルギーを集中させて弾道ミサイルを追尾することができるようになったということだ。

そのほか、イージスシステムのプログラム改修、弾道ミサイルに対応可能なＳＭ－３ミサイルの開発などを経て、建造されたのが弾道ミサイル対応のイージス艦である。

そのような建艦計画に至った経緯は、一九九八年八月に北朝鮮によるテポドン弾道ミサイル発射実験の影響が大きかったと言われている。

冷戦構造が崩壊して以降、一九九〇年代に入り、イラン・イラク戦争や湾岸戦争でスカッド弾道ミサイルが大量に使用されたほか、弾道ミサイルと関連技術・技術者が第三世界に拡散したことで、戦術弾道ミサイルへの対策が求められるようになったということである。[*84]

＊84　坂本明『最強　世界の戦闘艦艇図鑑』（学研パブリッシング）二〇〇頁

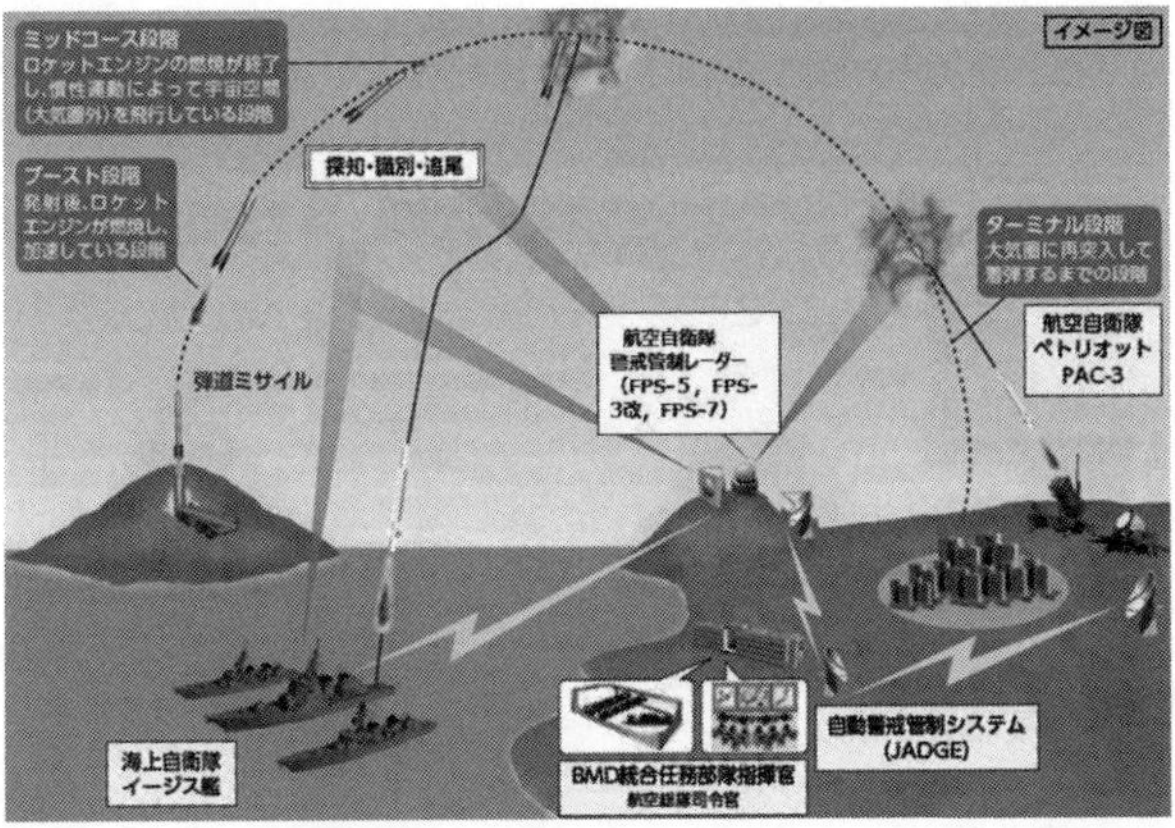


図１　イージス艦による弾道ミサイル対処のイメージ　（出典：防衛省 HP）

我が国でも、米国と共同でSM－3ミサイルの開発に参画したり、共同で発射実験を行うなど、弾道ミサイル対処能力を装備するイージス艦を保有していった。

日本のイージス艦は、弾道ミサイルの軌道上の中間付近の軌道（ミッドコース）の過程で迎撃することを期待されている。

ミッドコース段階で撃ち漏らした弾道ミサイルはターミナル（終末軌道）段階でパトリオット（PAC－3）によって迎撃するという二段階の防衛体制を構築している（図1参照）。

## レーダーに探知されないステルス艦の建造*85

軍艦の進化は得てして攻撃能力に目が行きがちであるが、ここで、防御面における技術進化が軍艦の建造に及ぼした影響についても触れてみたい。

それは、艦艇のステルス化ということである。

航空機の分野では、敵のレーダー網にいかに探知されないかということが重要視され、新世代の航空機が製造されていった。

米国が開発したF－117A攻撃機、第五世代戦闘機と言われるF－22戦闘機やF－35

戦闘機などである。これらの航空機が登場したことにより、相手方の航空機をなかなか探知することができなくなった。戦い方そのものに大きく影響してしまったということだ。

当然、水上艦艇に対しても同様のことができないのかとの考えが出てきた。

しかし、航空機のステルス化と比較して艦艇のステルス化というのは非常に難しい。レーダー探知から逃れるためのステルス化とは、基本的にはレーダー反射断面積（ＲＣＳ：Radar Cross-Section）をいかに低減できるかにかかってくる。この値が低ければ低いほど相手方のレーダー探知距離が短くなるということだ。

しかし、海軍艦艇は航空機とは大きさが比較にならないほど大きく、これをレーダー波の吸収技術で低減させることはほぼ不可能である。

そこで考えられた技術が「タンブルホーム型船型」という技術である。通常の船型では、相手方からの捜索用レーダー波は船で反射してほぼそのまま反対方向に向かってしまい自己の存在を暴露してしまう。

「タンブルホーム型船型」とは、船型を極力斜面で覆うように建造することにより、相手

＊85　この項、坂本明『最強　世界の戦闘艦艇図鑑』二〇八頁、二一〇頁を基にしている

方のレーダー波を上方または下方に乱反射させ、ＲＣＳを低減することができるというものだ。

米海軍はステルス実験艦の「シー・シャドウ」というものを建造し、艦艇におけるステルス性を検証した――同計画は秘密裏に行われており明らかになったのは一九九三年であった。

「シー・シャドウ」はレーダー波を垂直上方に反射させてステルス性を担保したが、艦上に何も搭載できないという船型であり、戦闘艦としての実用性はなかった。そのため、「タンブルホーム型」の船型を用いつつ、海軍艦艇の運用（武器の搭載等）を考慮した艦が以後主流になっていく。

我が国においても一九九三年のイージス艦「こんごう」導入以降の建造艦においては、艦上の構造物がそれ以前の艦艇と比較して極力シンプルに

写真１　スウェーデン海軍「ヴィスビュー」級コルベット
（出典：撮影者によりパブリックドメインで公開）

なっているとともに、船体の形状は極力上方反射または下方反射のために斜面で覆われた形状となっている。

スウェーデン海軍は、一九九〇年代当時で考え得る最大のステルス性を考慮した船型で、かつ、戦闘艦艇としての能力を併せもつ小型のコルベット艦を建造した。「ヴィスビュー級[*86]コルベット」である（写真1参照）。

この艦は、満載排水量六四〇トン、全長七二・七メートルで、ある程度の大きさのある小型の哨戒《しょうかい》艦で対艦・対潜任務、機雷掃討任務に対応できるとされ、以後五隻が建造された。

## 米海軍の海軍戦略とそれを実践するための艦艇

さて、ここまでポスト冷戦期に特筆すべきふたつの技術革新と軍艦の進化への影響を見てきたが、ここからは、ポスト冷戦期の主要各国の海軍戦略とそれに伴う保有艦艇の状況

＊86　本章で各国海軍が保有する艦艇について、同じ型の艦艇を表記するのに「〇〇級」と「〇〇型」のふたつの語を使用している。国際的に明確に区分はされていないが、英語表記で「クラス」を使用している海軍では「級」を、「タイプ」を使用している海軍では「型」を使用した

について触れていきたい。最初に米海軍である。

米海軍は、冷戦期には「Maritime Strategy（海洋戦略）」（一九八六年）を掲げていた。これはソ連海軍を対象として作成されたもので、「シーレーン防衛」「外洋作戦」「海上における各種戦（対空戦〔AAW：Anti-Air Warfare〕・対潜戦〔ASW：Anti-Submarine Warfare〕・対水上戦〔ASUW：Anti-Surface Warfare〕）」「対地射撃支援（NGFS：Naval Gun Firing Support）」および「戦術核兵器」の扱いが重点事項になっていた。

しかし、冷戦構造が崩壊し、世界各地で民族、宗教等の対立に根ざす地域紛争が頻発するようになった。そのような国際情勢に変化があったことから、米海軍は地域紛争に対処の重点を移していかなければならないと考え、「海から陸への戦力の投射」や「沿岸作戦の重視」を掲げた「……From the Sea（海上から〔戦略〕）」（一九九二年）「Forwarding From the Sea（海上からの前進〔戦略〕）」（一九九四年）を次々と打ち出していった。

その後、二〇〇一年にブッシュ政権が誕生すると、ラムズフェルド国防長官（当時）の主導による「米軍のトランスフォーメーション」施策が強力に推進されていった。

そんななか、二〇〇二年六月に、米海軍制服組トップのクラーク海軍作戦部長（海軍大将）が米海軍大学でスピーチを行った。そのなかで明らかになったのが、新たな海軍戦略

「シーパワー21戦略」である。

この戦略は、「Sea Shield（海の盾）」「Sea Strike（海上からの攻撃）」「Sea Basing（洋上の基地化）」の三つの柱からなっている。加えて、それら三つの柱を支えるインフラ・基盤が「Force Net（部隊間ネットワーク）」である。これらによって、冷戦構造崩壊後、対テロ戦争など不安定な国際情勢に海軍として対応するための指針を定めたのである。[*87]

その後、米国は、オバマ政権、トランプ政権と安全保障施策に関し若干ブレを生じながらも、バイデン政権になり新たな戦略を掲げることになる。二〇二〇年一二月一七日に、米海軍・海兵隊・沿岸警備隊は連名で新戦略「海上における優位：統合された全領域海軍力による勝利（Advantage at Sea: Prevailing with Integrated All-Domain Naval Power）」を発表した。

このなかで、海軍力を増強している中国に対抗するには、海の領域だけでなく、すべての領域――陸・海・空・宇宙・サイバー・電磁波など――での戦い（全領域戦）を重視した海洋戦略が重要だということを強調している。

＊87　山崎眞「米海軍戦略と海上自衛隊―第３７４回水交定例講演会（18・4・25）講演記録」『水交会ＨＰ』〈https://suikoukai-jp.com/suikoukai/wp-content/uploads/2014/11/592yamazaki.pdf〉

また、その戦略に関与するアクター（実施主体・組織）も、海軍だけでなく海兵隊・沿岸警備隊という異なる軍種や組織間の垣根を超えて「統合された（integrated）戦力」が重要だということも示している。

さらに、統合軍のほかの軍種（陸軍・空軍・宇宙軍）に加え、政府内のほかの省庁、同盟国やパートナー国との連携も重要であるとしている。[*88]

すなわち、近年の米海軍は、中国やロシアの海軍力の増強に対応して、洋上で敵と戦って海洋優勢を確保する体制の強化を目指しているのである。さらに、その際の焦点は全領域戦ということである。

これらの戦略の変遷を経て構築されつつあ

写真2　米原子力空母「ジェラルド・R・フォード」級
（出典：米国政府、パブリックドメインから）

る現在の米海軍の主要な艦艇は以下のとおりである。

①原子力空母「ジェラルド・R・フォード」級（就役一隻）[*89]：次項の「ニミッツ」級に続く新型空母。満載排水量一〇万一六〇五トン、全長三三二メートル。標準搭載機七五機。

②原子力空母「ニミッツ」級（就役一〇隻）：一九七五年から二〇〇九年に建造された世界最大の空母（軍艦としても世界最大）。満載排水量九万二九五五トン、全長三三二メートル。標準搭載機CTOL機[*90]五二機、ヘリコプター一五機。

③ミサイル巡洋艦（イージス艦）「タイコンデロガ」級（就役二三隻）：一九八三年から一九九四年に二七隻が建造されたイージス艦（一四隻は除籍）。満載排水量一万一一七ト

＊88　福田潤一「米海軍の新建艦計画と新戦略を読む」『笹川平和財団HP』〈https://www.spf.org/iina/articles/fukuda_03.html〉

＊89　『世界の艦船4月号増刊　世界の海軍2019―2020』（海人社）一三九―一五七頁。以後、各国海軍の現就役隻数については、『世界の艦船』（海人社）各号などを参考とするとともに最新の報道（ロシア・ウクライナ戦争での損耗など）などを経て最新の隻数になるように配慮した

＊90　「CTOL（Conventional Take-Off and Landing）機」とは、滑走して離着陸する通常の固定翼機のこと。通常離着陸（機）。STOL（Short Take-Off and Landing：短距離離着陸機）、VTOL（Vertical Take-Off and Landing：垂直離着陸機）に対する用語

ン、全長一七三メートル。

④ミサイル駆逐艦（イージス艦）「アーレイ・バーク」級（就役七三隻）：計画時からイージスシステム搭載を考慮された駆逐艦で日本のイージス護衛艦「こんごう」級のモデルになった艦。機能の進化に伴い、フライトⅠ／フライトⅡ／フライトⅡA／フライトⅢの四つのバージョンがある。満載排水量は八三六四トン（Ⅰ型）、八八一四トン（Ⅱ型）、九四二五トン（ⅡA型）、九八〇〇トン（Ⅲ型）。

⑤ミサイル駆逐艦「ズムワルト」級（就役二隻）：対潜駆逐艦の主流であったスプルアンス級の後継として計画されたステルス艦、運用構想が明確でなく高額なた

写真３　米イージス駆逐艦「アーレイ・バーク」級「ハルゼー」
（出典：米国政府、パブリックドメインから）

め、三隻で建造は打ち切られた。満載排水量一万五九九五トン、全長一八六メートル。
⑥沿岸海域戦闘艦「フリーダム」級（就役八隻）：新しいコンセプトの沿岸海域戦闘艦。各任務に合わせたパッケージを搭載して多様な任務に対応する。満載排水量三三六〇トン、全長一一五メートル。
⑦沿岸海域戦闘艦「インディペンデンス」級（就役一五隻）：「フリーダム」級と比較するために競争建造された沿岸海域戦闘艦。満載排水量三一八八トン、全長一二九メートル。

このほか、弾道ミサイル原潜（SSBN[*91]）「オハイオ」級一四隻、巡航ミサイル原潜（SSGN[*92]）「オハイオ」級（改修）四隻、攻撃型原潜（SSN[*93]）「バージニア」級二二隻、「シ

＊91　「SSBN：Strategic Submarine Ballistic Nuclear」とは、潜水艦発射弾道ミサイルを搭載した原子力潜水艦のこと。通称として戦略原潜とも呼称される
＊92　「SSGN」とは、巡航ミサイルを搭載した原子力潜水艦のこと。「SS」は「Submersible Ship」（潜水艦一般の艦種記号）、「G」は「Guided missile（誘導ミサイル）」を、「N」は「Nuclear powered（原子力動力）」を意味している
＊93　「SSN」とは、原子力動力の潜水艦のこと。元々「攻撃型潜水艦」の略称が「SS」であったので、それに「N」を付した。通称として攻撃型原潜とも呼称される

ーウルフ」級三隻、「ロサンゼルス」級二四隻、強襲揚陸艦「アメリカ」級二隻、「ワスプ」級七隻、ドック型輸送揚陸艦*94「サン・アントニオ」級一二隻、「ホイッドビー・アイランド」級六隻など多種多様な艦艇を保有している。

これらの最新の保有艦艇を鑑みると、強大な空母機動部隊を多数編成することができ、各種戦を戦うことのできる最新の艦艇も数多く保有していることから、引きつづき、世界最大の海軍と言っていいだろう。

## 中国の接近阻止／領域拒否（A2／AD）戦略とそれを実践するための艦艇

冷戦崩壊後、世界最大の米海軍を猛追しているのが、中国海軍（中国人民解放軍海軍：PLAN）である。

中国軍の軍事作戦の障害となる米軍を「寄せつけず、自由に行動させない」、それが中国海軍の基本戦略である。

この戦略を、米国をはじめとする西側各国では、A2／AD「Anti-Access（接近阻止）」／「Area-Denial（領域拒否）」戦略と呼称している。

中国共産党は、国内を統治するうえでその正統性を維持するために、民主政体が統治する台湾を放置するわけにはいかず、統一しなければならないと考えている。

ところが、台湾を統一するために軍事力行使が必要となった場合、どうしても米国が介入して世界最強の米海軍と戦うことになる。そのため、これを何とか阻止するた

＊94　「ドック型輸送揚陸艦」とは、揚陸艦のうち、艦内にもつウェルドック（艦艇の船尾、喫水線直上に設置されるデッキ状のドック式格納庫）に収容した上陸用舟艇を用いた揚陸を主体として行う艦艇

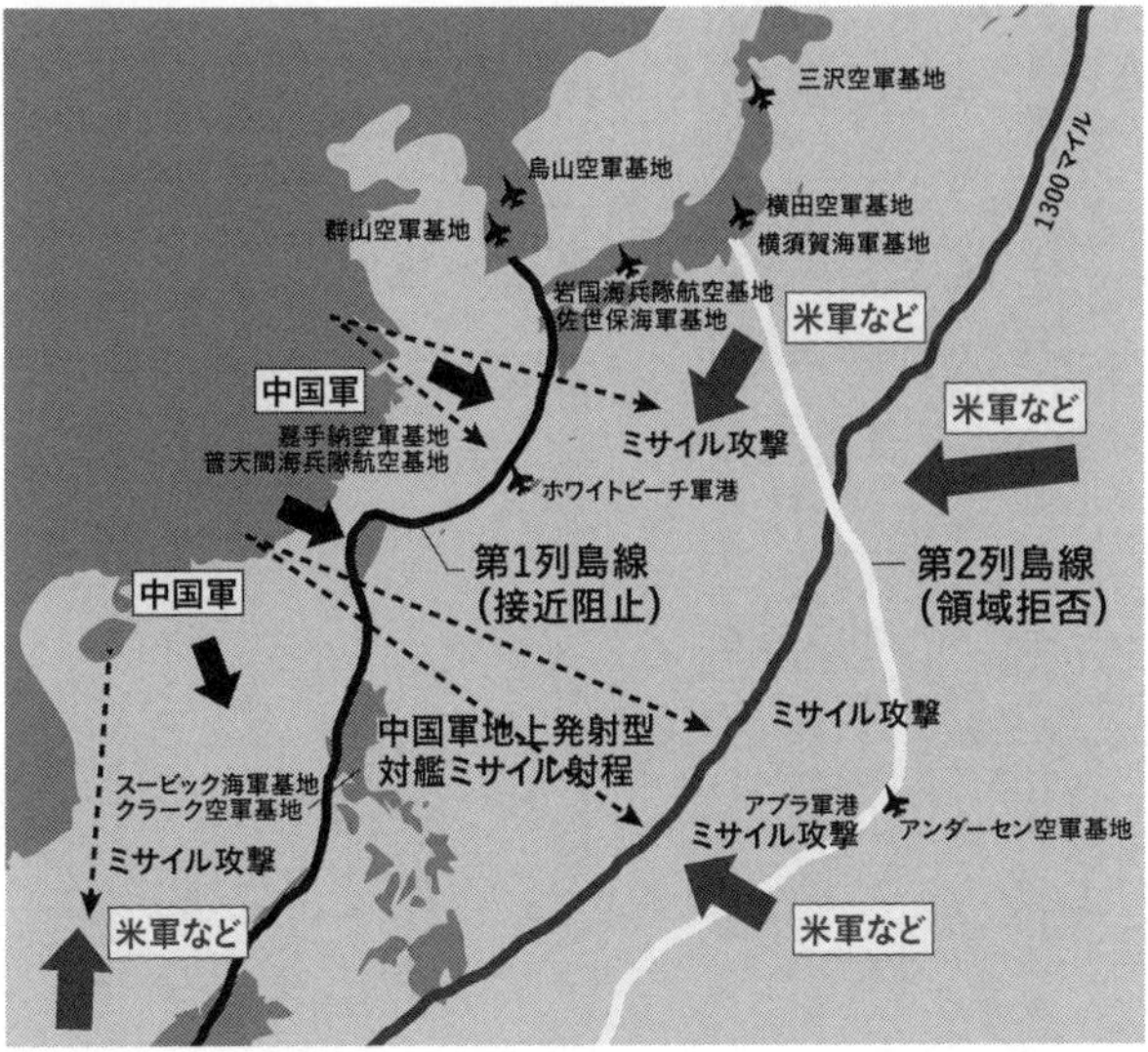


図２　中国のA2/AD戦略
（出典：北村淳「次は東シナ海に王手をかける中国」『JBpress』記事より筆者作成）

めに考えられている戦略がA2／AD戦略と言える。[95]

この戦略は読んで字のごとく「Anti-Access（接近阻止）」と「Area-Denial（領域拒否）」のふたつからなっており、換言すれば、台湾侵攻時に「米軍を寄せつけず、自由に行動させない」ことを目指したものである。詳細は以下のとおりである。

※接近阻止：台湾周辺の基地に展開する米軍（在日米軍）とその同盟国軍（自衛隊・豪州軍など）を寄せ付けないこと。

※領域拒否：遠方から来援する米海軍主力（空母打撃群など）に自由に行動させないこと。

このように近隣の米軍基地からの介入を阻止しつつ、米国本土などからやってくる主力部隊も拒否することが狙いであるわけだが、前者に対しては日本の南西諸島から台湾を結ぶ所謂《いわゆる》「第一列島線」で、後者はさらに東方に設けられた小笠原列島、マリアナ諸島などを結ぶ所謂「第二列島線」というエリアで対処する方針であるとみられている。

この構想に基づきA2／AD戦略を具現化するために、建造・保有している中国海軍の主要な艦艇は、以下のとおりである。[96]

①空母「山東（SHANGDONG）」型（就役一隻、建造一隻）：次項の旧ソ連製「遼寧（LIAONING）」をモデルに国産した初めての空母。発着艦方式はSTOBAR方式[*97]である。満載排水量六万七〇〇〇トン、全長三一五メートル。標準搭載機CTOL機三六機。

＊95　Fabian-Lucas Romero Meraner, China's Anti-Access/Area-Denial Strategy, Defence Horizon Journal, 〈https://www.thedefencehorizon.org/post/china-a2ad-strategy〉

＊96　『世界の艦船　4月号増刊　世界の海軍2019―2020』二六―三四頁

＊97　「STOBAR方式」とは、カタパルトの補助を受けずに、艦上機が自力で飛行甲板上を滑走して発艦する方式。スキージャンプ式の飛行甲板をもつ空母で運用することが多い

写真4　日本近海において統合幕僚監部撮影の中国海軍空母「遼寧」
（出典：防衛省 HP）

②空母「遼寧」（元ソ連「ワリャーグ」）（就役一隻）：ソ連邦崩壊で放置されていた旧ソ連空母「ワリャーグ」を購入し、ＳＴＯＢＡＲ方式の空母として改修させたのちに就役した空母。満載排水量五万九四三九トン、全長三〇五メートル。標準搭載機ＣＴＯＬ機二四機、ヘリコプター一〇機。

③ミサイル駆逐艦「南昌（NANCHANG）」型（就役八隻）：二〇一七年に一番艦が就役した新型国産駆逐艦で、対艦、対空、巡航など各種のミサイルを装備。満載排水量一万二〇〇〇トン、全長一八〇メートル。

④ミサイル駆逐艦「旅洋（LUYANG）Ⅰ」型（就役二隻）：射程三五キロメートルの中射程対空ミサイルを装備する防空艦。満載排水量七一一二トン。

⑤ミサイル駆逐艦「旅洋Ⅱ」型（就役六隻）：中国版イージス艦とも言われる。三四六型（ドラゴン・アイ）フェーズドアレイレーダーを四基、射程一五〇キロメートルの長射程対空ミサイ

写真５　日本近海において統合幕僚監部撮影の中国海軍版イージス艦「旅洋Ⅲ」型ミサイル駆逐艦　（出典：防衛省 HP）

ルを装備。満載排水量七一一二トン、全長一五五メートル。

⑥ミサイル駆逐艦「旅洋Ⅲ」型（就役二五隻）：中国版イージス艦（Ⅱ型）の改良型で、対空、対艦ミサイルを装備し、フェーズドアレイレーダーも改良されている。満載排水量七五〇〇トン、全長一五七メートル。

⑦ミサイル駆逐艦「ソブレメンヌイ」級（就役四隻）：Ⅰ型二隻は旧ソ連が建造を中断していた艦を購入したもの。Ⅱ型二隻は新たにロシアに発注したもの。後部に飛行甲板を設けるなど、ロシアのオリジナルタイプに改良を加えている。満載排水量八〇六七トン、全長一五六メートル。

⑧ミサイルフリゲート「江凱（JINGKAI）Ⅰ」型（就役二隻）：西側技術を大幅に取り入れた近代的なフリゲート艦。フランスのクロタル短射程対空ミサイル[*98]の流れを汲むシステムを搭載している。満載排水量三九六三トン、全長一三二メートル。

⑨ミサイルフリゲート「江凱Ⅱ」型（就役三五隻）：Ⅰ型の改良

写真６　日本近海において統合幕僚監部撮影の中国海軍「江凱Ⅱ」型ミサイルフリゲート
（出典：防衛省 HP）

型で短射程対空ミサイル発射機がVLS化（垂直発射機化）している。満載排水量三九六三トン、全長一三四メートル。

そのほか、弾道ミサイル原潜（SSBN）「晋（JIN）」型六隻、ミサイル原潜（SSGN）「商（SHANG）」型九隻、攻撃型原潜（SSN）「漢（HAN）」型三隻、通常動力型潜水艦（SS）「元（YUAN）」型二〇隻、「宋（SONG）」型一四隻、「キロ」型[*99]一二隻、「明（MING）」型一四隻、ドック型輸送艦「玉昭（YUZHAO）」型八隻など、強力で外洋展開可能な潜水艦部隊や大型のドック型輸送艦を複数保有している。

これらの最新の保有艦艇を鑑みると、中国が空母機動部隊を編成し、最新の対空、対潜、対水上戦を戦うことのできる護衛艦艇を多数保有しており、米軍を寄せ付けないことを目的としたA2／AD戦略を志向していることが明らかに見て取れる。

ただし、空母機動部隊というものを編成し、それを運用体制にまで練度を上げるには長い年月がかかるということを付言したい。

空母を建造し、搭載機を開発して、単に洋上における航空基地として発着させるだけでは、機動部隊として機能させることはできない。

空母機動部隊は、対空、対潜、対水上、電子戦、通信戦など洋上における各種戦にすべて対応することが求められ、空母のほかにも、対空・対潜の護衛艦部隊、対水上・対潜の前方展開部隊などと融合した作戦の実施が必須ということだ。そのような部隊を構築するのは一朝一夕には達成できないのである。

## ロシア版A2／AD（オホーツク海および北極海の聖域化）戦略と保有艦艇

ソ連崩壊後、低迷していたロシアではあるが、二〇〇〇年にプーチン大統領が登場して以降、再び「強いロシアの復活」をスローガンに国力増強を始めた。

海軍力も例外ではなく、ソ連時代の外洋海軍力の構築には及ばないものの、海上における戦略核戦力、海上からのミサイル攻撃能力を中心に、ロシア版のA２／ADともいうべ

＊98　「クロタル（Crotale）短射程対空ミサイル」とは、フランスのトムソンCSF社（現・タレス社）製の対空ミサイル。短射程・軽量であることから、短距離防空ミサイルおよび個艦防空ミサイルとして運用される

＊99　「キロ」型潜水艦とは、旧ソ連・ロシア海軍の通常動力型潜水艦。非常に静音性に優れている潜水艦と言われている。それを中国海軍が導入したもの

き戦略を確立しつつある。

それは、北極海およびオホーツク海に対するA2／ADという形で具現化しはじめ、それに応じた海軍力の構築ということで明らかになってきた。

本項では、その根本となっている「海洋ドクトリン」の記述から、彼らの狙いを読み解き、現に構築しつつある海軍力を海軍艦艇の建造状況を主眼に見ていきたい。

二〇二二年七月に改訂したロシアの「海洋ドクトリン」においては、その狙いを改訂前の「主導的な海洋強国」から「偉大なる海洋強国」を目指すとし、海洋における大国意識を隠してはいない。

つまり、「偉大なる大陸強国」でかつ「偉大なる海洋強国」を志向しているということだ。

また、海洋における脅威認識を、「米国と同盟

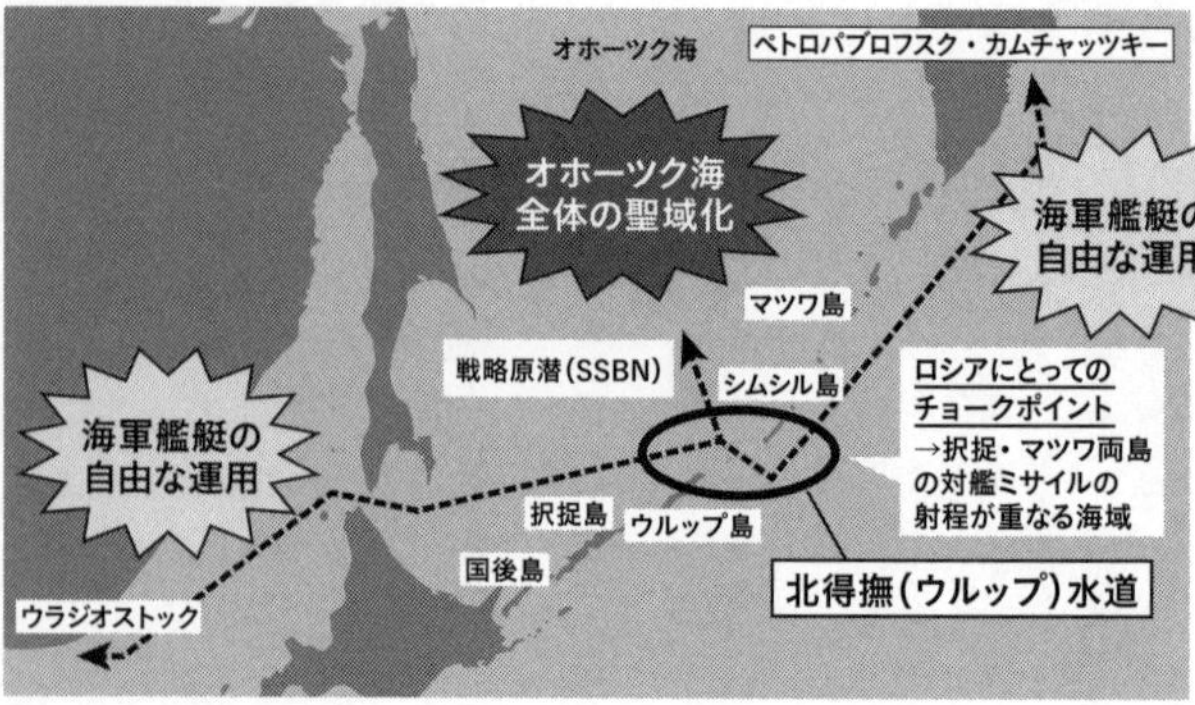


図3　ロシア版A2/AD戦略——オホーツク海の聖域化
（出典：ロシア戦略各文書から筆者作成）

国による海洋支配」および「NATOの拡大」と具体的に定めた。ロシア・ウクライナ戦争におけるウクライナ支援の背後に存在する米国およびNATOをあからさまに敵視している。

　そして、「国益を確保するための重要な海域」として、ロシアの内水・領海と排他的経済水域、大陸棚に加え、ロシア沿岸の北極盆地、オホーツク海、カスピ海を挙げている[*100]。

　つまり、北極海とオホーツク海を聖域化し、敵対勢力（米国はじめ西側諸国）を近づけない施策を有

＊100　丹下博也「ロシア連邦の海洋ドクトリン」『笹川平和財団HP』〈https://www.spf.org/oceans/analysis_ja02/b150902.html〉およびСовет Безопасности Российской Федерации, Морская доктрина Российской Федерации,（ロシア連邦安全保障会議「ロシア連邦海洋ドクトリン」）〈http://www.scrf.gov.ru/security/military/document34/〉

写真7　洋上航行中のロシア海軍空母「アドミラル・クズネツォフ」
（出典：アフロ）

していることを裏付けている。

北極海およびオホーツク海の聖域化を企図するロシアの狙いは、戦略核戦力（潜水艦発射弾道ミサイル）の第二撃能力[*101]を確保することが米国に対抗できる唯一の戦略だと考えていることにある。

それを達成するための戦略がロシア版A2／AD戦略であり、それを具現化するために、海軍戦力を再整備しているのである。

そこで、再戦力化の途上にあるロシアの最新の保有艦艇を見ていきたい[*102]。

①空母「アドミラル・クズネツォフ」（就役一隻）：世界初となるSTOBAR方式の航空母艦。旧ソ連海軍にとっては垂直離着陸機以外を運用できる最初の航空母艦。その後のソ連崩壊やソ連時代に保有していた「キエフ」級空母の退役を経て、現在もロシア海軍唯一の空母として運用。満載排水量五万九一〇〇トン、全長三〇五メートル。標準搭載機CTOL機二〇機、ヘリコプター一七機。

写真８　日本近海において統合幕僚監部撮影のロシア海軍「スラヴァ」級巡洋艦
（出典：防衛省 HP）

②原子力ミサイル巡洋艦「キーロフ」級（就役一隻）：建造時、世界最大の水上戦闘艦で、強力な対空、対水上、対潜能力を保有する。全部で七隻が計画され、四隻が実際に建造されたが、現在稼働状態にあるのは四番艦の「ピョートル・ヴェリーキー」のみ、三番艦の「アドミラル・ナヒモフ」は改修中、そのほかは退役。満載排水量二万四六九〇トン、全長二五二メートル。

③ミサイル巡洋艦「スラヴァ」級（就役三隻、ロシア・ウクライナ戦争で撃沈一隻）：大型原子力巡洋艦「キーロフ」級の小型版の性格の水上戦闘艦。各種戦に関し充実した装

*101「第二撃能力」とは、相手国から第一撃の核攻撃が先制的に打ち込まれたのちに、残存している核ミサイル、核搭載有人機などを用いて、相手国にただちに報復攻撃を加えられる能力をいい、この能力がそのまま核抑止力となる

*102『世界の艦船　4月号増刊　世界の海軍２０１９―２０２０』九九―一一三頁

写真９　日本近海において統合幕僚監部撮影のロシア海軍「ステレグシチー」級フリゲート（出典：防衛省 HP）

備を有している。一番艦「モスクワ」は二〇二二年四月ロシア・ウクライナ戦争に参戦中、ウクライナ軍の対艦ミサイル「ネプチューン」によって撃沈された。三番艦「ワリャーグ」[*103]は太平洋艦隊の旗艦。満載排水量一万一六七四トン、全長一八六メートル。

④ミサイル駆逐艦「ソブレメンヌイ」級（就役四隻）：⑤で触れる「ウダロイ」級駆逐艦と並行して建造された駆逐艦。水上打撃力を重視した設計になっており、一七隻を建造した。これとは別に中国海軍に四隻を供与した。満載排水量八〇六七トン、全長一五六メートル。

⑤ミサイル駆逐艦「ウダロイ」級（就役九隻）：対潜を重視した駆逐艦。一九九九年に就役した一三番艦「アドミラル・チャバネンコ」のみ対潜ロケットの代わりに対艦ミサイルを装備しており、この艦のみ「Ⅱ型」と呼称されている。満載排水量八六三六トン、全長一六四メートル。

⑥ミサイルフリゲート「アドミラル・グリゴロヴィッチ」級（就役三隻）：二〇一〇年に建造契約が結ばれた新型艦。建造当時ロシア海軍では、⑦で触れる「アドミラル・ゴルシコフ」級の整備を進めていたが、先進的な設計を採用していたために建造が遅れていた。黒海の情勢変化が急激であったことから、黒海艦隊に配備する艦は、既存の艦をも

とにして、「ゴルシコフ」級の漸進さを取り入れた艦として完成させた。ステルスデザインを採用している。満載排水量四〇三五トン、全長一二五メートル。

⑦ミサイルフリゲート「アドミラル・ゴルシコフ」級（就役二隻）：二〇〇六年に一番艦が起工された新型フリゲート。一五隻以上の量産を計画している。ステルスデザインを採用し、装備ミサイルは垂直発射機（ＶＬＳ）を利用している。上部構造物にはポリ塩化ビニールを用いた炭素繊維強化プラスチックが多用されており、軽量化およびレーダー反射面積（ＲＣＳ）低減に努めている。満載排水量五四〇〇トン、全長一三五メートル。

⑧フリゲート「ステレグシチー」級（写真９参照）（就役一〇隻）：「二〇一〇年までのロシア連邦海軍行動基本方針（当時）」に基づき、沿海用の汎用警備艦として計画されたフリゲート。筆者も、二〇〇七年サンクトペテルブルクで開催された「海軍サロン（所謂、海軍の軍事装備の展示会）」において、就役直後の一番艦を確認した。満載排水量二二〇〇トン、全長一〇五メートル。

⑨ミサイルコルベット「ブーヤン／ブーヤンＭ」級（就役一三隻）：カスピ海域での沿海

＊103　二〇〇五年六月、筆者は、防衛駐在官として、海上自衛隊護衛艦「ひえい」のウラジオストック訪問に際し受け入れ業務を実施したが、その間に艦内も含めて、同艦を視察した

域作戦および排他的経済水域警備を目的として建造されたステルス艦。対地火力投射能力が重視されており、カリブル巡航ミサイル用としてVLSを装備している。さらに、強力な対水上・対潜打撃力を具備している。二〇一五年一〇月には、シリアに対する巡航ミサイル攻撃で実戦投入されたことも確認されている。満載排水量九七〇トン、全長七四メートル。

⑩ミサイルコルベット「カラクルト」級（就役一一隻：二〇二三年一一月四日、ウクライナ海軍がケルチのザリフ造船所で建造中の同型艦「アスコルド」を攻撃し、損傷させたとの報道もあったので現就役数は流動的である）：この級は、沿岸海域向けに設計され、カスピ小艦隊、バルト艦隊、黒海艦隊で任務に就いているブーヤンM級コルベットより耐洋性が高く、一五日間の耐洋性がある。カリブルまたはオニクス対艦巡航ミサイルを装備するように設計されている。満載排水量八六〇トン、全長六七メートル。

そのほか、弾道ミサイル原潜（SSBN）「ボレイ」級七隻、「デルタⅣ」級七隻、「デルタⅢ」級二隻、巡航ミサイル原潜（SSGN）「オスカーⅡ」級八隻、「ヤーセン」級四隻、攻撃型原潜（SSN）「シエラⅡ」級二隻、「シエラⅠ」級一隻、「アクラ」級一二隻、

「ヴィクターⅢ」型二隻、通常動力型潜水艦（ＳＳ）「ラダ」級一隻、「キロ」級二四隻――うち一隻はロシア・ウクライナ戦争でセヴァストーポリのドライドックで修理中にウクライナの攻撃を受け損耗した模様――など、強力な外洋展開可能な潜水艦部隊を保有している。とくに、核兵器の第二撃能力を担う弾道ミサイル原潜の保有数が多いことが特徴的である。

これらの再戦力化の状況から、新型のフリゲート、コルベットおよび多数保有する潜水艦に、射程三〇〇〇キロメートル以上の巡航ミサイル「カリブル」を装備することにより、ロシアの沿岸や聖域化を企図する北極海やオホーツク海から、これらの巡航ミサイルを発射することでＡ２／ＡＤ戦略を具現化する狙いを見て取ることができる。

ただし、一隻だけ保有しつづける空母の運用法は、不明な点が多い。筆者が在ロシア防衛駐在官であったときに、本件に関して調査研究したが、さまざまな研究者の分析を総括すれば、一旦空母保有数がゼロになってしまった場合、空母運用能力を復活させるには長い年月がかかる。そのような理由から空母が一隻であってもその運用能力を維持するために保有しつづけるとのことであった。

「アドミラル・クズネツォフ」に次ぐ空母の建造計画はまだ明らかになっていないが、国力が復活した際には、旧ソ連のように外洋海軍力を再び目指すのかもしれない。

## インド洋・太平洋で力をもってきたインド海軍の艦艇*[104]

インドは、ヨーロッパ諸国とアジア諸国を結ぶインド洋に面しており、その海上交通路は世界各国にとっても重要な位置づけとなっている。

そのインド洋における海洋権益を確保するために、近年インドは海軍力増強に尽力している。

とくに、二〇二七年までに主要な戦闘艦艇一二〇隻を含む総数で、一九八隻の艦艇部隊にする建艦構想を有している。

一方で、インド海軍は旧ソ連製（ロシア製）装備の系譜を踏むもの、新たに西側諸国から導入したもの、および自国生産で開発をすすめるものなど多岐にわたっており、その影響もあって建艦計画には遅れも目立っている。

ロシアから導入した空母「ヴィクラマディッチャ」の就役は大幅に遅れた。初の国産空母「ヴィクラント」の建造・就役も当初計画から大幅に遅れた。

今後の建艦計画でも、国産の戦略原潜（ＳＳＢＮ）、攻撃型原潜（ＳＳＮ）、六万トン級の空母などが一部報道されているが、具体的な計画は明確ではない。

しかしながら、着実に海軍能力（とくに外洋海軍力と広域な潜水艦展開能力）を強化していることは明らかであり、その概要を以下に示す。

①空母「ヴィクラント」（就役一隻）：インド海軍初の国産空母。二〇〇九年に起工、二〇一五年に進水した。建造には、フランス、イタリア、スペインの造船会社が深く関与している。発着艦方式はロシアの「アドミラル・クズネツォフ」が採用したＳＴＯＢＡＲ方式である。満載排水量四万六四二トン、全長二六三メートル。標準搭載機ＣＴＯＬ機二〇機、ヘリコプター一〇機。

②空母「ヴィクラマディッチャ」（就役一隻）：旧ソ連空母「キエフ」級四番艦「アドミラル・ゴルシコフ」をインドが購入し、ＳＴＯＢＡＲ空母へ改修したもの。技術上の問題、予算上の問題から就役が大幅に遅れたが、二〇一三年の一一月には就役した。満載排水

＊104　この項、『世界の艦船　４月号増刊　世界の海軍２０１９―２０２０』五二―五九頁、一七六頁を基にしている

量四万六一二九トン、全長二八三メートル。標準搭載機CTOL機一二機、ヘリコプター六機。

③ミサイル駆逐艦「コルカタ」級（就役三隻）：④で触れる「デリー」級ミサイル駆逐艦の後継艦。対空ミサイルと対艦ミサイルをVLS（垂直発射機）化し、多機能レーダーを搭載した。満載排水量七二九二トン、全長一六四メートル。

④ミサイル駆逐艦「デリー」級（就役三隻）：インド初の大型国産水上戦闘艦。ロシアの技術指導の下に建造されたため、ロシア製武器システムを多数搭載している。満載排水量六八〇八トン、全長一六三メートル。

⑤ミサイル駆逐艦「ラジプット」級（就役三隻）：ロシア製駆逐艦「カシンⅡ」型のインド供与バージョン。全艦ともソ連で建造された。満載排水量五〇五四トン、全長一四七メートル。

⑥ミサイルフリゲート「シヴァリャク」級（就役三隻）：⑦で触れる「タルワー」級フリゲートの改良型。「タルワー」級より大型のヘリコプターを搭載したことにより飛行甲板・格納庫が大型化した。満載排水量六二九九トン、全長一四三メートル。

⑦ミサイルフリゲート「タルワー」級（就役六隻）：ロシアで建造されたフリゲートで、

一定程度のステルス化を施している。満載排水量四一〇〇トン、全長一二五メートル。
⑧コルベット「カモルタ」級（就役四隻）：国産建造の新型コルベット。ステルスデザインを大幅に取り入れているのが特徴。満載排水量三二五〇トン、全長一〇九メートル。

そのほか、弾道ミサイル原潜（SSBN）「アリハント」級二隻、攻撃型原潜（SSN）「アクラ」級一隻、通常動力潜水艦（SS）「スコルペヌ」級五隻、「キロ」級九隻、「209／1500」型四隻の潜水艦部隊も保有している。


これらの保有艦艇から読み取れるのは、インド海軍も空母機動部隊の編成を志向し、近い将来、インド洋を中心として海軍力のプレゼンスを示すことができるような外洋海軍を目指しているということである。

経済力の発展が、多かれ少なかれ海軍力の強化を目指すトリガーとなっているということを示しているとも言えよう。

ただし、中国海軍の項でも付言したが、空母機動部隊を編成し、運用体制にもっていくことは一朝一夕にはいかない。

## 再び大型空母部隊を編成し外洋海軍を目指す英国海軍の艦艇[*105]

財政問題を抱えていたことから冷戦期に通常型空母の保有を放棄し、「インビンシブル」級を中心とした軽空母機動部隊を中心に海軍力整備を行っていた英国海軍であるが、フォークランド紛争などの実戦を経験し、その長所と問題点を感じ取っていた。

ポスト冷戦期になり、ついに、六万トンクラスの大型空母「クイーン・エリザベス」を建造するに至った。二〇一八年にはF‐35Bの発着艦試験を完了し、実運用体制に入った。二番艦の「プリンス・オブ・ウエールズ」も二〇一九年には就役させた。

そのほかにも、新型のタイプ26型フリゲートや新型の戦略ミサイル原潜（SSBN）「ドレッドノート」[*106]級の建造も始まった。再び正規空母を保有し、改めて海軍兵力の強化を始めた英国海軍の保有艦艇も見ていきたい。

①空母「クイーン・エリザベス」級（就役二隻）：軽空母「インビンシブル」級三隻の代替として大型空母二隻の建造を決定したことにより就役した艦である。フランスのタレス社の設計で建造され、アイランド（艦橋構造物）がふたつあることが特徴的である。

F－35Bを搭載機として運用する計画で建造されたため、発艦を補助するために、スキージャンプ勾配の飛行甲板を有する。満載排水量六万五〇〇〇トン、全長二八三メートル。標準搭載機は四〇機。

②ミサイル駆逐艦「タイプ45」（就役六隻）：英国、フランス、イタリアの三国共同で開発した新型の射程一二〇キロメートルの対空ミサイルを搭載する。満載排水量七五七〇トン、全長一五二メートル。

③フリゲート「タイプ26」（就役一隻）：④で触れ

＊105　この項、『世界の艦船　4月号増刊　世界の海軍2019－2020』一三二－一三八頁、一七三頁を基にしている

＊106　第二次世界大戦前の弩級戦艦の名前の起源になっていた戦艦「ドレッドノート」とは別の潜水艦

写真10　横須賀港に入港する英海軍空母「クイーン・エリザベス」

（出典：海上自衛隊 HP）

る「タイプ23」型フリゲートの後継艦。計画図からは最新のステルス技術を取り入れている様子を見て取れる。満載排水量六九〇〇トン、全長一五〇メートル。
④フリゲート「タイプ23」（就役一二隻）：英国海軍現役艦艇唯一の汎用フリゲート。一九九〇年代に一六隻建造されたが、初期の三隻はチリ海軍に売却されている。満載排水量四二六七トン、全長一三三メートル。

そのほか、弾道ミサイル原潜（SSBN）「ドレッドノート」級（建造中三隻）、「ヴァンガード」級四隻、攻撃型原潜（SSN）「アスチュート」級五隻、「トラファルガー」級一隻、ドック型輸送艦「アルビオン」級二隻、「ベイ」級三隻などを保有している。

これらの保有艦艇から、英国海軍が再び空母「クイーン・エリザベス」級を中心として機動部隊を編成し、外洋海軍力を構築しようとしている意図を読み取ることができる。同艦が二〇二一年五月に太平洋方面に遠征し、我が国を訪問したこともその証左であろう。その背景には、中国海軍の脅威があることも付言しておきたい。

## 独自路線で空母部隊を保有しつづけるフランス海軍の艦艇

フランス海軍は、冷戦期・ポスト冷戦期を通じて独自の海軍戦略および核戦略をもっている。というのも、NATOの軍事機構には加入していないからだ。その実は、核抑止力として戦略原潜を保有し、さらに攻撃型空母や洋上補給艦艇、揚陸艦などを保有し、一定程度の外洋海軍力を維持していることである。[*107]

そこで、フランス海軍の現在の保有艦艇の詳細を見ていきたい。[*108]

①原子力空母「シャルル・ドゴール」級（就役一隻）：フランス海軍が開発した初の原子力空母で二〇〇一年に就役した。米海軍の大型空母と比較すると、概ね半分の大きさではあるが、CTOL機を運用できる。満載排水量四万三一八二トン、全長二六二メートル。標準搭載機CTOL機三二機、ヘリコプター四機。

②ミサイル駆逐艦「フォルバン」級（就役二隻）：イタリアと共同開発した防空を主体と

＊107　平間洋一「建艦思想に見る海上防衛論─フランス海軍編」〈http://hiramayoihi.com/yh_ronbun_kenkan_f_i.html〉

＊108　『世界の艦船　4月号増刊　世界の海軍2019─2020』四二─四七頁

したミサイル駆逐艦。搭載する対空ミサイルはエリア防空用の射程一〇〇キロメートルの対空ミサイルと、個艦防空用の射程三〇キロメートル対空ミサイルを装備。満載排水量七一六三トン、全長一五三メートル。

③ミサイル駆逐艦「カサール」級（就役二隻）：一世代前の防空を主体としたミサイル駆逐艦。米国製の射程三八キロメートルの対空ミサイルを搭載している。満載排水量五〇八〇トン、全長一三九メートル。

④駆逐艦「アキテーヌ」級（就役八隻）：イタリアと共同開発した多用途駆逐艦。現在のところ対潜型を六隻、対空型二隻の建艦計画をもつ。対空型では個艦防空用の対空ミサイルに加えて、エリア防空用の対空ミサイルを装備する。満載排水量六

写真11　フランス海軍空母「シャルル・ドゴール」（上）と海上自衛隊護衛艦「せとぎり」（下）
（出典：防衛省HP）

〇九六トン、全長一四二メートル。

⑤フリゲート「ラファイエット」級（就役五隻）：ステルス化したフリゲートの先駆者的位置づけの艦。ステルス化を極度に追求した影響か、対潜ヘリコプター以外に固有の対潜兵装をもたないのが特徴的である。満載排水量三八一〇トン、全長一二四メートル。

⑥強襲揚陸艦「ミストラル」級（就役三隻）：空母のように全通飛行甲板を有する大型の強襲揚陸艦。二〇一一年にはロシアと建造契約が締結され二隻が完成して、供与直前まででいったが、二〇一四年のロシアによるクリミア併合の問題でキャンセルされ、同艦二隻はエジプトに供与された。満載排水量二万一九四七トン、全長一九九メートル。

このほか、弾道ミサイル原潜（SSBN）「ル・トリオンファン」級四隻、攻撃型原潜（SSN）「シュフラン」級一隻、「リュビ」級三隻などの戦略的な運用が可能な原子力潜水艦を多数保有している。

このような保有艦艇を鑑みると、フランスの建艦計画は独自の路線であり、戦略原潜の保有、イタリアとの共同開発艦の建造、ロシアへの強襲揚陸艦の供与（最終的には達成されなかったが）および国産の各種兵装の開発などを織り交ぜて、独特の建艦計画を進めている様子を窺《うかが》うことができる。

## 安全保障関連三文書が目指す海上自衛隊の艦艇

二〇二二年一二月、我が国政府は所謂「安全保障関連三文書」を制定した。すなわち、「国家安全保障戦略」「国家防衛戦略」および「防衛力整備計画」の三文書である。

このうち「防衛力整備計画」には概ね一〇年程度の中期的な自衛隊の装備をいかに整備していくかとの内容が記述されている。

ポスト冷戦期の海上自衛隊艦艇の趨勢《すうせい》を明らかにするために、この「防衛力整備計画」のなかの海上自衛隊関連の記述から、その詳細を見ていきたい。*109

本計画では、主要事業において七つの柱を示している。すなわち、①スタンドオフ防衛能力、②統合防空ミサイル能力、③無人アセット防衛能力、④領域横断作戦能力、⑤指揮統制・情報関連機能、⑥機動展開能力・国民保護、⑦持続性・強靱《きょうじん》性の七つである。

各々の事業で艦艇装備に関連する事項を取り上げる。

第一の「スタンドオフ防衛能力」は、「我が国に侵攻してくる艦艇や上陸部隊等に対して脅威圏の外から対処する能力としてスタンドオフ防衛能力を強化する」ことを目的としている。

そのために、「一二式地対艦誘導弾能力向上型ミサイル（艦艇発射型を含む）、トマホーク巡航ミサイルの導入」「潜水艦からの発射のためのＶＬＳの開発・整備」などが記載されている。今後、反撃能力として長距離のミサイルの保有が想定されており、それを水上艦艇や潜水艦に搭載することを考えている。

第二の「統合防空ミサイル能力」は、「ネットワークを通じて各種センサーとシューター（攻撃兵器）を一元的にかつ最適に運用できる体制を確立し、探知・追尾能力や迎撃能力を抜本的に強化する」ことを目的としている。

そのため、「ＳＭ－３ブロックⅡＡおよびＳＭ－６対空ミサイルの取得」「護衛艦の射撃指揮ネットワークを取得して共同交戦能力（ＣＥＣ）[110]の取得」「イージスシステム搭載艦の

＊109　防衛省「国家安全保障戦略」・「国家防衛戦略」・「防衛力整備計画」〈https://www.mod.go.jp/j/policy/agenda/guideline/index.html〉

＊110　「共同交戦能力（ＣＥＣ：Cooperative Engagement Capability）」とは、射撃指揮に使用できる精度の情報をリアルタイムで共有することにより、脅威に対して艦隊全体で共同して対処・交戦する能力を付与すること

整備」などが記載されている。弾道ミサイル防衛や中国海軍などが開発している対艦弾道ミサイルに対応するための能力を、水上艦艇にも付与することを考えているということだ。

第三の「無人アセット防衛能力」は、「無人アセットは安価で人的損耗を局限でき、長期の連続運用が可能である。ＡＩや有人アセットと組み合わせ、空中・水上・水中等での優越を獲得していく」ことを目的としている。

そのため、「艦載型無人機の整備」「無人水上航走体の開発・整備」「各種無人水中航走体の整備」などが記載されている。次章でブレイクスルー的な技術革新のひとつとして取り上げる「無人化」技術を艦艇（または装備・兵器）に活用していく方針が示されているということだ。

第四の「領域横断作戦能力」は、「宇宙・サイバー・電磁波及び陸・海・空における領域の能力を有機的に融合する領域横断作戦により個々の領域における劣勢を克服していく」ことを目的としている。

また、第五の「指揮統制・情報関連機能」は、「意思決定の優越を確保するため、ＡＩの導入を含め、リアルタイム性・抗たん性・柔軟性のあるネットワークを構築し、指揮統制・情報関連機能の強化を図る」ことを目的としている。

これら第四、第五の目的を達成するために、「衛星コンステレーション[*111]の構築」「相手方の指揮統制・情報通信を妨げる能力の強化」などが記載されている。洋上における艦艇にとって重要な、陸、空の装備と領域を横断して作戦を実施するための指揮通信能力に関する記述である。それらの高度な指揮通信能力を衛星通信も含めて艦艇部隊にも導入することを目指しているのである。

ロシア・ウクライナ戦争でもウクライナが善戦している背景には、米国スペースX社の衛星コンステレーション「スターリンク衛星群」によるところが大きいことは付言しておきたい。

第六の「機動展開能力・国民保護」、および第七の「持続性・強靱性」では、第一から第五の主要な機能を支える機動展開能力とその持続性や強靱性について記述されている。五つの能力基盤、インフラ等を維持するための措置ということである。

具体的には、「自衛隊自身の海上輸送・航空輸送能力を強化するとともに、民間輸送力も活用すること」「継戦能力の確保・維持のため、弾薬生産能力の向上、火薬庫の確保、

＊111　「衛星コンステレーション」とは、多数の小型の人工衛星を連携させ、一体的に運用する仕組みのこと

所要燃料の確保などにより、保有する全装備能力発揮体制を確立すること」を掲げている。

さらに、海上自衛隊に特化した項目でも今後の艦艇装備に関して具体的な指針が記述されている。そのなかには、「新たに哨戒艦を導入し、増強された水上艦艇部隊を保持すること」「弾道ミサイル防衛に従事するイージスシステム搭載艦を整備する」「各種無人アセット（滞空無人機、無人水上航走体、無人水中航走体）を導入し、無人機部隊を新編する」「護衛艦（DDG、[*112] DD、[*113] FFM型[*114]）等に、一二式地対艦誘導弾能力向上型ミサイル等のスタンドオフミサイルを搭載する」「潜水艦に垂直発射機（VLS）を搭載しスタンドオフミサイルを搭載可能とする」「掃海用無人アセットを管制する掃海艦艇を増勢する」「F－35Bを運用可能とする『いずも』級DDHの改修を行う」などが含まれている。

ここに海上自衛隊が現代戦および次章で述べる近未来戦に対応するための具体策が示されているということだ。

これらの具体的な指針に基づき今後の艦艇部隊の能力強化が図られるわけであるが、ここで現在保有している海上自衛隊艦艇の現状・能力について、詳しく見ていきたいと思う。[*115]

①ヘリコプター搭載護衛艦（DDH）「いずも」級（就役二隻）：ヘリコプター三機搭載型

護衛艦「しらね」級の代替として建造された空母型の全通甲板をもつ護衛艦。②で触れる「ひゅうが」級が搭載ヘリコプター一〇機であったのに対して、それを一四機に増大させた。平成三一年度制定の中期防衛力整備計画でF‐35B戦闘機の運用ができるように計画され、改修工事がなされた。改修後は戦闘機搭載可能な護衛艦として生まれ変わる。満載排水量二万六〇〇〇トン、全長二四八メートル。哨戒ヘリコプターなど一四機搭載。

②ヘリコプター搭載護衛艦（DDH）「ひゅうが」級（就役二隻）：ヘリコプター三機搭載型護衛艦「はるな」級の代替として建造された海上自衛隊初の空母型の全通甲板をもつ護衛艦。対空、対潜兵器を搭載するなど護衛艦としての機能も保有している。満載排水量一万九〇〇〇トン、全長一九七メートル。哨戒ヘリコプターなど約一〇機搭載。

＊112　「DDG（Guided missile destroyer）」とは、対空戦を重視して艦対空ミサイル（SAM）を搭載した駆逐艦。自衛隊では対空ミサイル搭載護衛艦の略号

＊113　「DD（Destroyer）」とは、駆逐艦を示す艦種類別記号。自衛隊では汎用護衛艦の略号

＊114　「FFM」とは、フリゲート（駆逐艦より小型の艦艇）を表す「FF」に、機雷（Mine）や多用途性（Multipurpose）を意味する「M」を加えたもので、海上自衛隊独自の艦種

＊115　『世界の艦船　4月号増刊　世界の海軍2019―2020』六八―七六頁

③ミサイル護衛艦（DDG：イージス艦[*116]）「まや」級（就役二隻）：④で触れる「あたご」級イージス艦の改良型で、米軍の使用する最新のイージスシステムを搭載し、就役時から日米共同開発のSM-3ブロックⅡA対空ミサイルを装備した、非常に優れた弾道ミサイル対応可能の護衛艦。満載排水量一万七〇トン、全長一七〇メートル。

④ミサイル護衛艦（DDG：イージス艦）「あたご」級（就役二隻）：⑤で触れる「こんごう」級イージス艦の改良型。「こんごう」級にはなかったヘリコプター格納庫を装備し、よりステルス化（ステルス・マスト[*117]など）を進めた護衛艦。満載排水量一万トン、全長一六五メートル。

⑤ミサイル護衛艦（DDG：イージス艦）「こんごう」級（就役四隻）：海上自衛隊初のイージス艦で、米

写真12　海上自衛隊ヘリコプター搭載護衛艦「いずも」　（出典：海上自衛隊HP）

海軍の「アーレイ・バーク」級イージス艦をモデルとしている。二〇〇七年から二〇一〇年の間、弾道ミサイル対応の改修工事を逐次行った――二〇〇九年、筆者は第八護衛隊司令として二番艦「きりしま」を指揮していたが、その際、「きりしま」の弾道ミサイル対処のための改修工事を行い、ハワイ沖において迎撃試験を成功裏に行った（派遣は個艦のみ）。満載排水量九五〇〇トン、全長一六一メートル。

⑥護衛艦（DD）「あさひ」級（就役二隻）：海上自衛

＊116　対空ミサイルを搭載するミサイル駆逐艦（DDG）のうち、イージスシステムを搭載した「イージス艦」を指す

＊117　一般に現代の軍艦のマストは高所に電波装置を設置するため、敵のレーダー波に対して反射面積が大きくステルス性を損なっていた。そこで各国海軍では、マストのレーダー反射断面積（RCS）を減少する方法として、マスト全体を構造物で覆うことでRCS低減に努めた。そのようなマストのこと

写真13　海上自衛隊イージス護衛艦「まや」　（出典：海上自衛隊HP）

隊の汎用型護衛艦（DD）の最新艦。対空兵装は、⑦で触れる「あきづき」級と同等だが、ソナーを新型にし、対潜能力を強化している。また、フェーズドアレイの多機能レーダーOPY-1を搭載している。満載排水量六八〇〇トン、全長一五一メートル。

⑦護衛艦（DD）「あきづき」級（就役四隻）：僚艦の防空能力をも考慮した汎用護衛艦。ステルス性を重視した艦型を採用し、発展型シースパロー短SAMを管制するためにフェーズドアレイレーダーのFCS-3Aを採用している。満載排水量六八〇〇トン、全長一五一メートル。

⑧護衛艦（DD）「たかなみ」級（就役五隻）：⑨で触れる「むらさめ」級の改良型。「むらさめ」級では二種類あったミサイルの垂直発射機（VLS）を一種類に統一、大砲を七六ミリ単装砲から一二七ミリ単装砲に改めた。満載排水量六三〇〇トン、全長一五一メートル。

⑨護衛艦（DD）「むらさめ」級（就役九隻）：ミサイル発射機をすべて垂直発射機（VLS）にした。ステルス性も考慮した艦型となっている。満載排水量六二〇〇トン、全長一五一メートル。

⑩護衛艦（FFM）「もがみ」級（就役五隻）：従来の護衛艦とは一線を画したコンパクト

かつ多機能な艦艇とされており、艦種記号も、フリゲートを表す「FF」に多目的と機雷の頭文字の「M」を合わせた「FFM」という新しいものが採用された。これまでの艦艇と比してよりステルス化が進められた艦型を採用している（写真14参照）。満載排水量五五〇〇トン、全長一三三メートル。

⑪輸送艦（LST）「おおすみ」級（就役三隻）：海上自衛隊初の空母型全通甲板をもった艦艇。輸送能力は、九〇式戦車一八両および揚陸部隊三三〇名である。LCAC[*118]二隻を搭載できる。満載排水量一万四〇〇〇トン、全長一七八メートル。

＊118　「LCAC：Landing Craft Air Cushion」とは米海軍と海上自衛隊で使用されているエア・クッション型揚陸艇（上陸用舟艇）

写真14　海上自衛隊FFM「もがみ」　（出典：海上自衛隊HP）

このほか、通常動力潜水艦（ＳＳ）「たいげい」級二隻、「そうりゅう」級一二隻、「おやしお」級一〇隻（うち二隻は練習潜水艦）を保有している。

安全保障関連三文書に記載される建艦計画および現在の海上自衛隊の保有艦艇状況を鑑みると、我が国はバランスの取れた海上防衛力の構築に着実に向かっていると評価できるだろう。

冷戦期の海上自衛隊は、対潜戦や機雷戦に注力していた感が否めなかった。

ポスト冷戦期になり、海洋における各種作戦（対空戦、対水上戦、対潜戦など）をバランスよく実施できるように変革してきた。

とくに、イージス艦の導入および弾道ミサイル対処能力の付与といったことが大きかった。しかし、ふたつ欠落機能があった。それは洋上における航空作戦能力と遠距離反撃能力である。

このふたつの欠落機能も、このたび発表された安全保障関連三文書において、「スタンドオフ防衛能力」と「Ｆ－35Ｂを運用可能とする『いずも』級ＤＤＨの改修」との記述で欠落機能を補う指針が示された。

今後は、米国などの強大な海軍力とは比べるべくもないが、バランスの取れた一定の外洋海軍力を保有することになろう。それは、中国やロシアが企図するA2／AD戦略にも有効に対処できる能力になるであろう。

# 第七章　有人艦艇から無人化艦艇・ＡＩ化艦艇の時代へ

## 技術革新と現代戦・近未来戦

そもそも、戦争・紛争というものは歴史をひも解けば、中世から陸戦が主流であった。我が国の歴史を振り返っても、武士が台頭し政治の主導権を握った鎌倉幕府の時代から室町時代、戦国時代を経て江戸時代に至るまで戦争・紛争というものは陸上における戦闘が主であったことは容易に思い起こされるだろう（一部、源平合戦の壇ノ浦の戦いや村上水軍など海上における戦いもあったが）。

そして、船を建造することが可能となり、世界は大航海時代を経て、戦争・紛争の主流も海戦へと変化していった。七つの海を制する国が世界を制するとも言われ、世界中に植民地を保有する大英帝国がその地位に躍り出た。

そのような時代に本書は遡《さかのぼ》り、その主流となる軍艦の進化を追いかけてきたわけであるが、その後、航空機が出現し、空母の時代を経て米国がその地位にとって代わっていったことは前章までに述べてきたとおりである。

二〇〇〇年代の初めまで、その傾向は続いていたが、その後、さらに技術革新が起こり、現代戦・近未来戦では、それまで民生技術として使われていた宇宙領域における科学技術やサイバー空間を使った科学技術などが、軍事の世界でも活用されることとなった。

その最たるものは、サイバー攻撃によって国家機能が麻痺してしまった二〇〇七年のロシアによるエストニアに対するサイバー攻撃や、二〇〇八年に同じロシアが引き起こしたグルジア（ジョージア）紛争で物理的な攻撃とサイバー攻撃を連動させ、容易《たやす》く軍事目的を達成してしまった例が挙げられる。

また、二〇一四年にはサイバー空間での情報戦を巧みに使い、同じくロシアがウクライナのクリミア半島をほぼ無血で併合してしまった。

民間の科学技術を使い、非軍事手段と軍事手段を巧みに融合し、「戦わずに勝つ」「いざ戦う状況に至った場合も圧倒的な有利な環境を作為し物理戦争を勝ち抜く」といった戦い方が現代戦では主流になってきたということである。

## 軍艦の進化に影響を及ぼすブレイクスルー的な技術革新

そのような技術革新の波は軍艦の進化の分野にも押し寄せてきた。そのキーワードは「無人化」と「ＡＩ（人工知能）化」である。

無人化、ＡＩ化を進めることで、戦争に関する大量の情報・データを人間よりも迅速に処理し、より的確に情勢判断することが可能になると見積られている。加えて、ＡＩは肉体的な疲労や感情、人的な損耗もなく、二四時間・三六五日任務を実施することができる。それを、軍艦の進化にも適用していこうとする傾向が顕著になってきたということだ。

そこで、本章では、米軍がこの無人化、ＡＩ化をどのように捉え、今後どのように海洋における戦いにおいて軍事適用していこうとしているのか、そこから考察していきたい。

## 米軍の「モザイク戦（Mosaic Warfare）」の海軍艦艇への適用

二〇一八年五月、国防高等研究計画局（ＤＡＲＰＡ）[*119]の戦略技術局（ＳＴＯ）局長を退任したトマス・バーンズ氏は「モザイク戦」というコンセプトについ

図1　米軍の有人ビークル・無人ビークルを融合した「モザイク戦」のイメージ
（出典：DARPA）

て、「広い前線で並行して攻撃する際、指揮官の感覚・決定・行動のシステムを多数のプラットフォームに分散させれば、戦力を増強することなく火力を増強できる」と言及した。さらに「航空分野では、四機のF-16が四機の敵戦闘機と対決するときはどうなるのか。『モザイク戦』のコンセプトに則れば、米空軍は、それぞれが異なる武器またはセンサーシステムを備えた、比較的安価で使い捨ての無人航空ビークル（UAV）を前方展開する必要があるということだ。また、ほかのアセットを追加することにより状況はさらに複雑になり、相手指揮官の意思決定を混乱させることができ、敵を圧倒する可能性がある。そのような戦い方だ」と付け加えた。

つまり、無人と有人のシステムの連携が重要だということだ。

このような戦い方は、すでにロシア・ウクライナ戦争で具現化されはじめている。ロシア・ウクライナ両国とも、有人機と無人機を融合させ、成果を収めている。公開情報では、ウクライナのほうが弱者の戦い方として、よりブレイクスルー的な技術革新を航空分野に

＊119　「DARPA：Defense Advanced Research Projects Agency」とは、米国国防省内部部局に位置しているが、大統領と国防長官の直轄組織で、軍からの直接的な干渉を受けることなく、主として米軍が使用する新技術研究開発の管理を行っている組織

導入しているように見える。[120]

では、航空分野では具体的にどのようなことを想定しているのであろうか。それは、自律型無人機と有人機を融合させた戦いである。

有人機の母機からUAVの子機に対して、捜索・探知・識別の指令を出す。その情報は、ネットワークで共有し、母機の指揮官は敵と判断すれば攻撃の決心をし、子機のUAVに攻撃のオーダーを発する。

UAVは自律的に最適の近接方法、攻撃方法、攻撃武器を選定し、敵を攻撃する。攻撃効果の判定もUAVが行う。

自律的なUAVは、じつに合理的に作戦を行う。人間と比較して、肉体的な疲労はなく、恐怖心を覚えることもない。怒りを覚えることもなく、そのような人間の感情に似たものをもたないので判断を誤ることもない。

そのほかにも、自律型の高高度運用のUAVは、衛星通信の通信中継と同等の機能をもつこともできる。

航空分野では、このように多岐にわたる任務の実行が期待されており、その一部はすでに実現に至っている。[121]

さて、このモザイク戦のコンセプトを海洋における戦いで活用できるのかというのが、次の課題である。

ＤＡＲＰＡの戦略技術局のプログラムマネージャーで海軍予備役士官のジョン・ウォーターストン氏は、モザイク戦の海上作戦への適用について、次のように述べている。

「モザイク戦は、空、陸、海、海中といった多様な領域における作戦環境をネットワークにより把握できるため、海洋領域での戦いで、敵を困難な情勢に貶め、圧倒できる」[*122]と。米軍では今後モザイク戦のコンセプトを海洋領域に適用しようとしているのである。

実際にはどのようなことが期待できるのか。無人水中ビークル（ＵＵＶ）を活用すれば、海上および海中における多様な任務を実行できる。とくに人的被害のリスクを抱えなくてはならない任務に活用できる。

敵の勢力圏に近接しての捜索・偵察活動、敵の勢力圏に進出しての機雷敷設《ふせつ》活動（港湾

＊120　DARPA, DARPA Tiles Together a Vision of Mosaic Warfare, <https://www.darpa.mil/work-with-us/darpa-tiles-together-a-vision-of-mosaic-warfare>

＊121　渡部悦和、佐々木孝博『現代戦争論—超「超限戦」』（ワニブックス【ＰＬＵＳ】新書）二六九—二七〇頁

＊122　DARPA, DARPA Tiles Together a Vision of Mosaic Warfare

の封鎖活動)、敷設された機雷の掃海活動などが挙げられるだろう。*123

## ロシア・ウクライナ戦争でのウクライナの無人艦隊

米軍は、無人化、AI化の装備を全幅活用してあらゆる領域であらゆる手段を用い、それらの使う情報をネットワークで共有して戦う「モザイク戦」という戦い方を、コンセプトとして体系化している。

現下、その戦力化に尽力しているのを横目で見つつ、実用化まで達成している国がある。ロシア・ウクライナ戦争でロシアの圧倒的な軍事力に弱者の戦いを挑んでいるウクライナである。

ウクライナが世界に先駆けて、最新のゲームチェンジャーたる軍事技術を活用し、海洋における戦いにおいて、革新的な戦い方を行っている状況を見ていきたい。

二〇二二年一〇月二九日、ウクライナ軍はロシア海軍黒海艦隊に対し、海戦史上、軍事革命ともいうべき、画期的な攻撃を行った。ロシア国防省の発表によれば、ウクライナの八機の無人航空機(UAV)と七隻の自爆型無人水上ビークル(USV)がセヴァストーポリ港停泊中の黒海艦隊艦艇に対して、空と海から同時攻撃を行ったとのことである。

この攻撃で使われたＵＳＶは攻撃後、ＯＳＩＮＴ組織によって公開された。写真から判別できるのは、衛星コンステレーションの「スターリンク衛星」を利用できるとみられるアンテナが後部にあること、誘導用または追尾用とみられるカメラを搭載していること、レーザー光線による距離測定システムを搭載していること、電気的または機械的な起爆装置を装備していること、電気推進ＵＳＶであったことなどである。

写真1　ウクライナ軍無人水上ビークル（USV）
（出典：アフロ）

これらの装備から、一定程度自律的に航行し、敵目標に追尾し、後方に所在している指揮官と衛星通信ができる自爆型のＵＳＶであることがわかる。

＊123　渡部悦和、佐々木孝博『現代戦争論―超「超限戦」』二七〇頁

この攻撃でウクライナ軍が破壊したロシア艦艇は、セヴァストーポリ停泊中の黒海艦隊の新旗艦[*124]「アドミラル・マカロフ」および掃海艇「イヴァン・ゴルベッツ」を含む三隻であることが両軍の発表から明らかになっている。

そのほか、報道によれば、攻撃に使用されたUSVは、全長五・五メートル、重量一〇〇〇キログラムと小型であるが、最高速度は時速八〇キロメートルとされている。衛星通信アンテナを介して、遠隔操作は四〇〇キロメートルの範囲で可能で、最大の航続距離は八〇〇キロメートル、最大の航続時間は六〇時間とのこと。偵察任務はもちろん最大二〇〇キログラムの爆薬を搭載し自爆ドローンとしても利用可能である。

この攻撃のあと、海軍力に乏しいウク

写真２　ウクライナ軍がロシア軍艦艇を攻撃した際に使用した無人水上ビークル（USV）　（出典：アフロ）

ライナ軍は小型のＵＳＶで編成される世界初の無人艦隊の創設を計画しており、ＵＳＶを調達するためにクラウドファンディング「United24」による資金調達キャンペーンを開始した。[*125]

さらに、ウクライナ軍が黒海において大きな動きを示したのが、二〇二三年の八月である。

ロシアのイタル・タス通信は、八月五日、クリミア近海のケルチ海峡で、ロシアの貨物船がウクライナのＵＳＶによる攻撃を受けた旨を報じた。クリミアとロシア本土を結ぶ「クリミア大橋」にも攻撃したとみられ、橋の通行も一時遮断《しゃだん》された。攻撃発生当時、ウクライナは関与を明らかにしなかったが、その後、関与を認めた。[*126]

＊124　二〇二二年四月に、当時黒海艦隊の旗艦であった巡洋艦「モスクワ」がウクライナ軍のミサイル攻撃によって沈没を余儀なくされたため、後継の旗艦として指揮艦任務を行っていた

＊125　「ウクライナ海軍、世界初の無人艇艦隊創設へ、ＵＳＶ購入のため資金を募る」『ミリレポ』〈 https://milirepo.sabatech.jp/ukrainian-navy-seeks-funding-to-buy-usvs-to-create-worlds-first-fleet-of-unmanned-boats/〉

＊126　読売新聞オンライン「ウクライナ無人艇、ロシア海軍基地を攻撃…大型揚陸艦から黒い液体」〈https://www.yomiuri.co.jp/world/20230805-OYT1T50170/〉

また、ウクライナ当局は八月四日、ロシアの黒海艦隊のいまひとつの主要港であるノヴォロシスク港をUSVで攻撃し、ロシア海軍艦艇を損傷させたと発表した。ウクライナ当局によると、USVはロシア海軍の揚陸艦「オレネゴルスキー・ゴルニャク」を直撃し、船体に穴があくなどの被害を与えたとしている。これに対し、ロシア国防省は、ウクライナがUSV二隻でノヴォロシスクを攻撃したことを明らかにしたが、被害が出たことは認めなかった。[*127]

加えて、八月下旬、ウクライナの兵器開発グループ「アモ・ウクライナ」が無人潜水艇（UUV）「マーリチカ」を公開した。このUUVは、全長約五・五メートルで魚雷のような形状をしている。目標までの中間誘導は慣性誘導装置[*128]を使用

写真3　ウクライナ軍が開発したとみられるUUV「マーリチカ」動画画像
（出典：アフロ）

しているると推測される。弾頭に数百キログラムの爆薬を搭載し、目標に突撃できる。最大航行距離は一〇〇〇キロメートルとされる。[*129]

ウクライナ軍は、これらの無人水上ビークル（ＵＳＶ）、ＵＵＶを組織的に運用するための無人艦隊を編成したことを発表した。八月二六日、ウクライナ海軍隷下に新たな部隊を創設したことを明らかにしたのだ。ＵＳＶおよびＵＵＶを使った攻撃に特化した専門部隊とみられている。

ウクライナ軍のＳＮＳによれば、新たに「特殊目的海上無人艇第三八五旅団」が海軍に創設され、八月二四日の独立記念日にゼレンスキー大統領から部隊旗が手渡されたとのことだ。[*130]

＊127　ＢＢＳ「ウクライナ、水上ドローンでロシア艦を攻撃と、黒海主要港で」〈https://www.bbc.com/japanese/66414042〉

＊128　「慣性誘導装置（INS）：Inertial Navigation System」とは、潜水艦、航空機やミサイルなどに搭載される装置で、外部から電波による支援を得ることなく、搭載するセンサーのみによって自らの位置や速度を算出する装置

＊129　David Axe, Ukraine Has A Drone Submarine. Russia Isn't Ready For It., Forbes, 〈https://forbesjapan.com/articles/detail/66377〉

＊130　読売テレビ「ウクライナ海軍に新部隊創設〝無人艇攻撃〟に特化か」〈https://www.ytv.co.jp/press/international/detail.html?id=41dfaf629cf84d51b673982bdb523b1b〉

これらの情勢から言えるのは、二〇一四年にクリミアを併合されて以来、海軍兵力のほとんどをロシア側に奪われてしまったウクライナ軍が、強大なロシア海軍黒海艦隊に対抗するために、無人ビークルを最大限に利用して成果を収めているということである。

USVやUUVは、非常に小型なために、波によるシークラッター[*131]と区別することが難しく、また、捜索用レーダーでの探知も難しい。同様の理由で、射撃指揮用レーダーで追尾することも難しい。加えて、このような小型の目標に対艦ミサイルや大砲で対処することは費用対効果に見合わない。機銃で食い止めるしか有効な対処法はない。現有のシステムでは非常に対処が困難だということだ。

ウクライナ軍は、強大なロシア海軍に同等の兵器で対抗するのではなく、非対称の装備で対抗し効果を上げているということであり、まさに弱者の戦いを行っていると言っていいだろう。

## 米海軍の無人艦計画

一方、米国も艦艇の無人化計画を推し進めている。

二〇二〇年九月一六日、マーク・エスパー米国防長官（当時）は、海洋における中国による脅威の増大に対応するため、自律型の無人水上艦艇（ＵＳＶ）や無人潜水艦艇（ＵＵＶ）、無人航空機（ＵＡＶ）を米海軍に大幅に配備する計画を明らかにした。その計画によれば、二〇四五年までに数百億ドルの予算をかけ、中国海軍に対し、海洋における優位を獲得する方針とのことである。

エスパー長官によると、シンクタンクの「ランド研究所」が策定した「フューチャー・フォワード」という米海軍力の抜本的見直し計画がその中心になっているとのこと。その計画では「将来の艦隊は、空と海上と海中から、よりバランス良く致命的な効果をもたらすことが可能になる」とされている。

加えて、エスパー長官は、「米軍艦隊の艦艇数を現在の二九三隻から三五五隻に増やすこと。水上艦艇はより小型化し、潜水艦ともども増加させること。有人・無人・自律航行の切りかえが可能な水上艦艇や潜水艦艇、多様な無人艦載機も導入すること」も強調した。

そのような施策を推進中とみられる米軍の無人艦計画に関して、本書の執筆中にまさに時宜を得た報道が飛び込んできた。

＊131　「シークラッター」とは、レーダーによる観測において、強風時に海上や海岸付近で観測される「波飛沫によるエコー」のこと。「海面エコー」ともいう

米海軍第七艦隊広報部によれば、二〇二三年九月一八日、米海軍第一無人水上艦隊に属するUSV「レンジャー」（全長五九メートル）が、米海軍横須賀基地に寄港したことを明らかにした。

今回の航海は、「多領域無人能力演習」の一環で行われ、米西海岸のサンディエゴから約一ヶ月かけて、乗組員の監視の下でほぼ自律航行によって姉妹艦「マリナー」とともに、大きな問題も生じずに日本に到着したとのことである。

写真４　米海軍横須賀基地に入港した米海軍第１無人艦隊のUSV「レンジャー」　（出典：アフロ）

米軍のUSVが日本を訪問するのは今回が初めてである。第一無人水上艦隊のデイリー司令（中佐）は「自由で開かれたインド太平洋という共有するビジョンを支えるうえで、こうした最先端技術が果たす価値を理解することは重要だ。また、広い太平洋を数の限りのある有人艦だけで防護するのは不可能だ。無人化艦艇を配備することで有人艦艇が敵艦艇の攻撃圏から離れることができ、安全を保つこともできる」と入港後の会見で述べた。「レンジャー」と「マリナー」は、従来の有人艦艇と無人化艦艇を作戦的に統合するための試験艦であり、無人化艦艇の自律航行技術を開発するための調査や評価を実施しているとのことである。[*132]

さらに、今回の横須賀訪問は、「Integrated Battle Problem（ＩＢＰ）23・2」と呼ばれる演習への参加が目的だとのことである。この演習ではＵＳＶを有人艦隊の作戦に統合し、戦闘上の優位性を生み出すための能力を試験、開発、評価することに焦点を当てているとしている。[*133]

まさに、先に触れた米軍による有人ビークルと無人ビークルを航空分野において融合した「モザイク戦」を海洋分野において具現化するための試験艦との位置づけと評価できる

＊132　時事通信社「米軍無人水上艦が日本初寄港、カリフォルニアから自律航海」〈https://www.jiji.com/jc/article?k=2023092100892&g=int〉

＊133　Unmanned Surface Vessel Division One Makes Its First Port Visit in Yokosuka, Japan, 〈 https://www.c7f.navy.mil/Media/News/Display/Article/3532868/unmanned-surface-vessel-division-one-makes-its-first-port-visit-in-yokosuka-jap/〉

であろう。

米海軍から公表された各種の写真から艦上の装備を見ると、航法のための水上レーダーや衛星通信装置などを確認することができる。とくに、航海用水上レーダー、低高度対空目標にも対応し得る対水上レーダーなど複数のレーダーが装備され、自律航行に必要なデータをいくつもの情報源から得るような装備になっている。また、水上を監視するためのカメラが多数装備されていることも特徴的である。

報道陣に公開された動画映像を見ると、艦橋（ブリッジ）には、自動航法装置とみられるモニター、操舵装置、ディーゼル機関のコントロールのためのスロットルなどが確認できた。

現段階では、航行に関する数々のデータを収集する試験艦ということで、有人によるコントロールの下に自律航行するといった艦であることも確認できた。

米海軍では、「ゴーストフリート・オーバーロード」という自律型無人艦開発計画を二〇一八年から進めている。「レンジャー」と「マリナー」もその一環として運用されている。

「フェーズ1」と呼ばれる試験段階では「自律システムの統合」「航行の自律性の実証」「船体、機械および電気システムの信頼性の向上」の試験を実施した。このフェーズは、二〇一九年九月には終了し、すべての試験に成功した。この試験では「海上衝突防止のための国際規則に関する条約（略称：海上衝突予防法）」に準拠して、複雑な航行環境でのいくつかの長距離自律航行試験を六〇〇時間以上実施したとのことだ。

「フェーズ２」と呼ばれる試験では、より複雑で困難な海軍の作戦における「船舶の耐久性」「自律運用性」「相互運用性」を目的とした拡張試験に焦点が当てられた。これには、「政府が提供するＣ４Ｉ（指揮、統制、通信、コンピュータ、インテリジェンス）システムとの統合」および「自動化された船体、機械、および電気システムの信頼性の実証」が含まれていた。

これらの試験を経て、二〇二二年一月には米海軍の編成に組み込まれた。八月にはさらに一隻が加わり、もう一隻も建造中とのことである。現計画では四隻の部隊編成で海軍における運用試験を続けるようである。

現在運用試験中のＵＳＶの性能要目は以下のとおりである。全長は、二〇〇フィート（約六一メートル）、最大積載量は二〇〇〇トン、対水上戦用や無人ミッション用の攻撃ユニットを含むさまざまなモジュール式ユニットで再構成できる。つまりユニットごと交換することでまったく違った任務を遂行できるということだ。そのうえ、低コストで耐久性の高い艦として設計されているとのこと。

また、各艦はミサイルの垂直発射システムのユニットを装備できるとのことである。*134 かなり実用段階に近づいていると評価していいだろう――有人の監視の下での無人運用はすでに可能となっている可能性がある。

さらに遡って、米軍の無人艦開発状況を追いかけてみると、二〇一三年にはすでに米軍は対潜無人艦の建造計画をもっていたことも明らかになっている。先にも触れたDARPAは、二〇一三年、国防産業のScience Applications International Corporation（SAIC）社と、対潜無人艦の開発に関する契約を結んだことがわかっている。

「ACTUV：Anti-Submarine Warfare Continuous Trail Unmanned Vehicle」と呼ばれるこの対潜無人艦は高度な自律能力があり、連続で六〇日から九〇日、航行可能であるとのこと。ACTUVは、電源を入れて出港するまでは人力を要するが、出港後は、自ら速力を調整し、外洋に進出して、長距離ソナーや最新のセンサーで潜水艦を捜索することが可能と言われている。ほかの水上艦が近接してきた際は、自動で避航することが可能である。

SAIC社によれば、ACTUVは、底部に装備したソナーで標的の潜水艦の音波画像を作成し、その目標を高速で追跡する。また、衛星通信を活用し、ほかの水上艦艇と連携することも可能であるとされている。[*135]

この計画が具現化したとみられるのが、「シーハンター」と名付けられたＡＣＴＵＶの建造である。「シーハンター」は、おもに浅海域でディーゼル潜水艦を捜索・探知・追尾することを目的としているとのこと。また、情報・監視・偵察（ＩＳＲ）任務、ＵＵＶおよびＵＡＶの発射と回収、車両の輸送および米海軍の兵站《へいたん》の支援にも使用できるとされている。[*136]

さらに、近年、ＵＵＶの建造計画も明らかになっている。米軍は、「ＲＥＮＵＳ３００」というＵＵＶの運用構想をもっている。

「ＲＥＮＵＳ３００」は、軍事および商業用途に構築された新しい小型クラスのＵＵＶである。このＵＵＶは、造船会社の「ハンティントン・インガルス・インダストリーズ（Ｈ

＊134　Naval Technology, Ghost Fleet Overlord Unmanned Surface Vessels, USA <https://www.naval-technology.com/projects/ghost-fleet-overlord-unmanned-surface-vessels-usa/>

＊135　Spencer Ackerman「米軍が開発を進める対潜無人艦（ＡＣＴＵＶ）」『Wired』 <https://wired.jp/2013/01/07/actuv/>

＊136　Naval Technology, Sea Hunter ASW Continuous Trail Unmanned Vessel (ACTUV), <https://www.naval-technology.com/projects/sea-hunter-asw-continuous-trail-unmanned-vessel-actuv/>

ＩＩ）社」の子会社で、米国に本拠を置く水中技術会社「ハイドロイド社」によって製造された。

おもな用途として、対機雷戦（ＭＣＭ）、捜索・救難（ＳＡＲ）、環境評価、水路調査、海洋考古学、海洋石油およびガスの発掘、対潜戦（ＡＳＷ）、情報、監視、偵察（ＩＳＲ）などに適用していくことが期待されているとのことである。[*137]

## 我が国における艦艇無人化の取り組み

米国をはじめ主要各国がＵＳＶ、ＵＵＶ開発に尽力している情勢下で、無人化、ＡＩ化の分野に関し、我が国の状況はどこまで進んでいるのであろうか。

防衛省隷下の防衛装備庁は、二〇一九年八月、「研究開発ビジョン」という将来にわたる研究開発の指針を示した。[*138] そのなかで、水中防衛の取り組みについても明らかにした。具体的には、「無人機母艦構想」という形で明記している。

この「研究開発ビジョン」は、今後の日本の防衛に不可欠な能力の獲得に必要な技術について、技術的課題やロードマップを提示した文書との位置づけである。その目的は先進的な研究を中長期的な視点に基づいて体系的に行うことだ。

そのなかで示された「無人機母艦構想」とは、母艦としての機能を発揮する無人の水上ビークルを開発し、小型のＵＵＶを投入・揚収するとともに、無人航空機（ＵＡＶ）を発着艦させることも可能とするという構想である。

加えて、この無人水上母艦は、運用する無人ビークルにエネルギーや物資等を補給することで、無人ビークルのみによる広域でかつ

＊137　Naval Technology, REMUS 300 Unmanned Underwater Vehicle (UUV), 〈https://www.naval-technology.com/projects/remus-300-unmanned-underwater-vehicle-uuv/〉

＊138　防衛装備庁「研究開発ビジョンについて」〈https://www.mod.go.jp/atla/soubiseisaku_vision.html〉

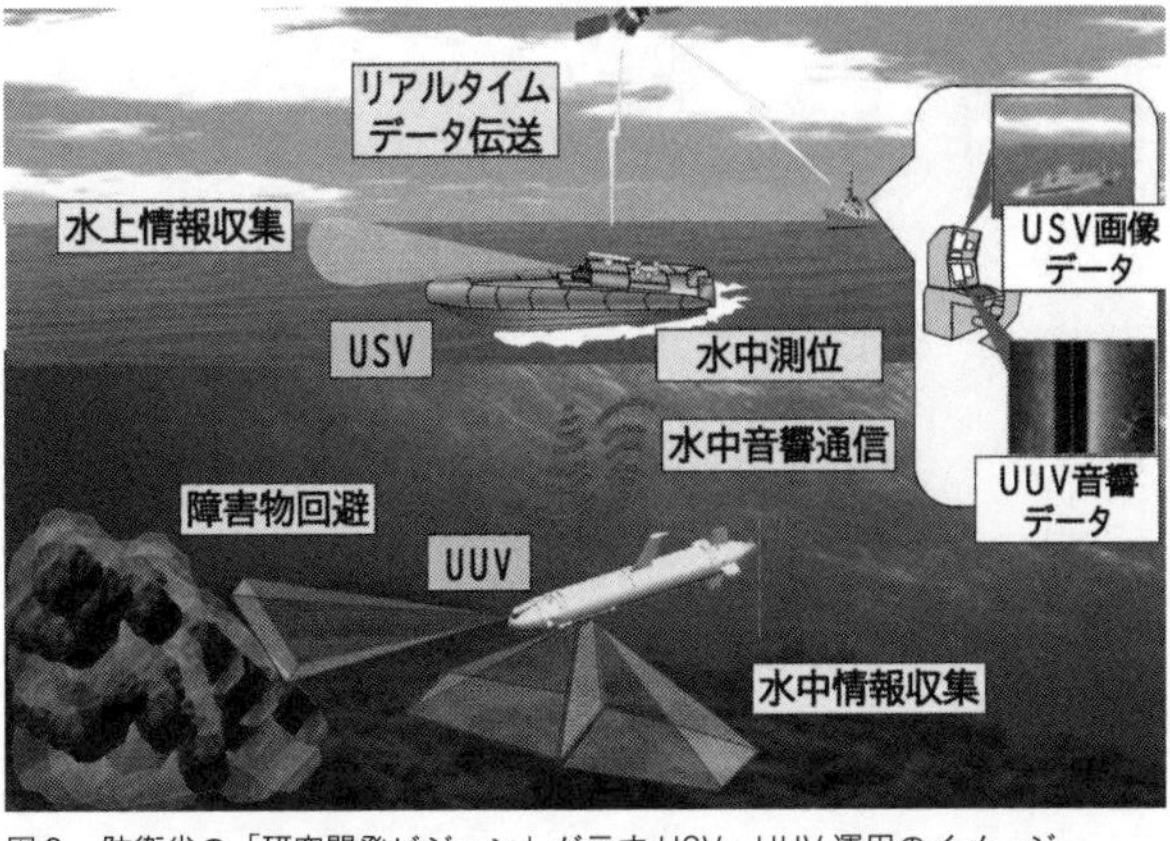


図２　防衛省の「研究開発ビジョン」が示すUSV・UUV運用のイメージ
（出典：防衛省 HP）

常続的な警戒・監視を支援することのできる母艦との位置づけもある。防衛省が示したこれらの運用概念図を図2に示す。

この無人機母艦たるUSVは、数ヶ月間の安定的な運用ができる滞洋性を想定しているが、「研究開発ビジョン」では、技術的な課題として耐候性、ステルス性の確保も掲げている。また、近傍の無人機の管制や水中通信が今後の技術的な課題としている。

なお、「研究開発ビジョン」が示すロードマップでは、無人機母艦たるUSVは、二〇二九年から二〇三八年までに取得すると目標を掲げている。

我が国は米国や実際に戦地で無人ビークルを活用しているウクライナと比較すると出遅れているとの感は否めないが、ビジョンがしっかり固まっているので、それをいかに迅速に具現化できるかが今後の注目点である。

## 無人化艦艇の強いAI化（多機能かつ高度な自律性をもった無人化艦艇[*139]）

無人化が進む艦艇であるが、そのAI化というものが次の課題となっている。つまり、無人で運用するために、人間の指示がどこまで必要で、人間の指示なしでどのレベルまでの任務ができるかということである。これを理解するために「強いAI」「弱いAI」といったことについて触れてみたい。

一般に「強いＡＩ」とは、自律性が高く、多機能な仕事を、人間を介さずに実施できるＡＩとされている。人間の能力に極力近づいたＡＩであり、その究極が人間を超えるＡＩということで「シンギュラリティ」問題として取り上げられることがある。シンギュラリティとは、技術的特異点であり、到達すると人間を超えるＡＩが生まれるという。

一方、「弱いＡＩ」とは、単機能であり自律性は低いが人間の指示があれば、ある一定業務を、人間を超えるスピードで人間よりも的確に行えるようなＡＩをいう。その代表例は囲碁、将棋やチェスで人間に打ち勝つことのできるＡＩである。この分野のＡＩはいく

＊139　この項、佐々木孝博『近未来戦の核心サイバー戦—情報大国ロシアの全貌』（育鵬社）を基にしている

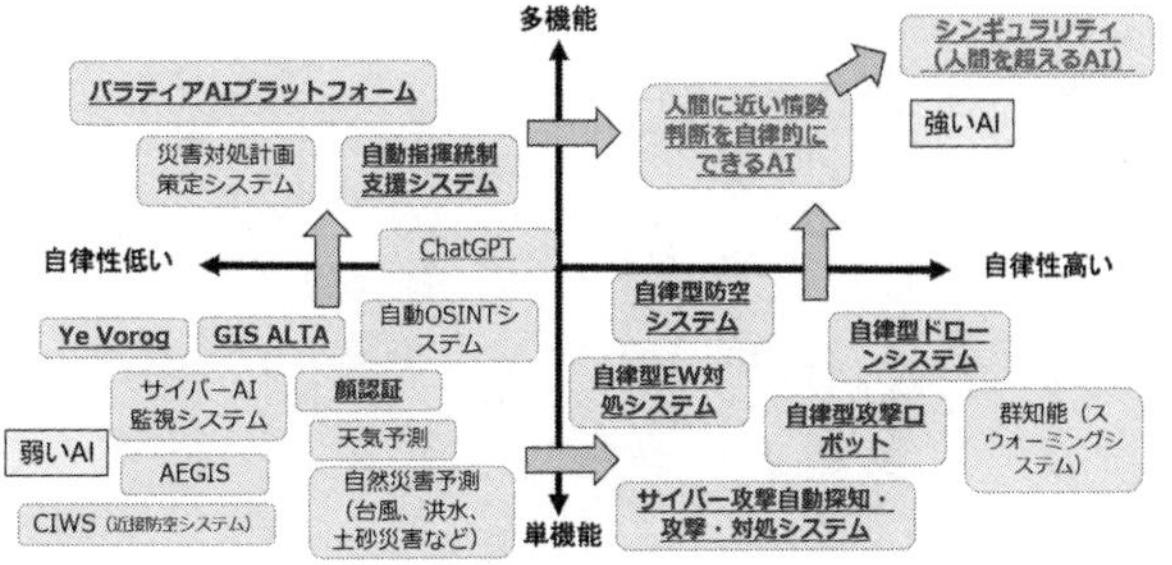


図３　AIの軍事適用における強いAIと弱いAI

（出典：『近未来戦の核心サイバー戦』より筆者作成）

つもの分野ですでに実用化されている。

現在は「弱いＡＩ」から「強いＡＩ」への進化の過渡期で、一部のＡＩでは、単機能ではあるが自律性の高いＡＩ、または、多機能であるが自律性は低く、人間の指示のもとに多様な任務を行えるＡＩというものも、徐々に出現しはじめた。そのイメージを図３に示す。

筆者が研究対象としているロシアでは、二〇一八年に「ＡＩ発展戦略」というものを定め、長期のＡＩ開発の指針を示した。それによれば、経済発展だけでなく軍事・安全保障の進展も大きな目標としている。

たとえば、この戦略において、ＡＩを発展させるための優先的な科学技術を、第一に〈ミツバチの群れやアリの丘のような分散集合システムを含む生物学的意思決定システム（引用者注：群知能技術を念頭か）〉[*140]、第二に〈自律的な自己学習と新しい目的に適応するアルゴリズム〉、第三に〈困難な作業を自律的に分析し、解決策を探して統合する技術〉と明記している。

すなわち、大量のドローンの自律的な運用が可能な技術を追求している様子が行間から読み取ることができるということだ。換言すれば、自律性が低く単機能型の「弱いＡＩ」

ではなく、自律的な行動が可能な多機能型の「強いＡＩ」を目指しているということである。

これらのことは、二〇一八年三月に、プーチン大統領の「ロシアの新しい兵器は打ち負かされることはなく、それはＡＩとロボティクスの融合により可能となる。敵の攻撃に対処する単一の迎撃機の代わりに、爆発物、センサー、ＡＩで武装したＵＡＶの群れを考えてほしい」というスピーチからも導き出すことができる。

すなわち、図３の右下にある「自律型ドローンシステム」のように非常に「強いＡＩ」に近い能力をもった無人機システムということを想定しているとみられ、「空中での作戦行動中において、さまざまな問題を自律的に情勢判断し、各ＵＡＶ間で相互に作用し、敵方の変化にも適用できる無人機の群れ」を目指しているということが行間から読み取ることができるということだ。

これはＵＡＶだけでなく、ＵＳＶ、ＵＵＶといった海上（海中）における自律型のドロ

＊140「群知能技術」とは、分権化し自己組織化されたシステムの集合的ふるまいの研究に基づいた人工知能技術。イベントなどで多数のドローンが一体的な行動を行うショーを行うときに用いられる技術としても知られる。Swarm Intelligenceとも呼ばれる

ーンシステムや陸上の自律型ロボットシステム、自律型の電子戦システムなども念頭に置いていることは言うまでもないだろう。

なお、二〇二三年一一月二四日、プーチン大統領が「近いうちに『ＡＩ発展戦略』を改訂する」と発言したことにも言及しておきたい。そのなかで「新たな技術で倫理的、社会的な問題が引き起こされることがある」と述べた一方で、「ＡＩを禁止することは不可能であり、禁止すればＡＩは別の場所で発展し、われわれは遅れをとることになる」と指摘した。[*141]

つまり、国家の管理が行き届かない分野に関しては、倫理的・社会的な問題を引き起こす可能性があり、人間の関与が必要だとする反面、ＡＩそのものの開発を制限することには反対だとの姿勢を明確にしたということだ。さらに、改訂される戦略のなかには、ロシア・ウクライナ戦争でのＡＩの軍事活用での教訓が組み込まれるものと見積られる。

## AI化の課題（AIの脆弱性と規制枠組み）[*142]

これまで述べてきたように、艦艇への適用も含めて、軍事分野で有効な活用が期待できるＡＩではあるが、「ＡＩ自身が騙《だま》されやすい」という致命的な脆弱性《ぜいじゃくせい》がある。それは、とくに「機械学習を主用するＡＩ」で現れやすい。

悪意をもつ攻撃者によって誤ったデータを入力された場合、それを学習したＡＩは期待される結果とはまったく異なる答えを導き出してしまうということである。

近年、有用性が取り上げられている「ChatGPT」の例を考察すると理解しやすいだろう。「ChatGPT」はインターネット上を行き交う膨大なデータを学習し、回答を導き出している。したがって、学習する膨大なデータに大量の誤情報が含まれている場合は、出力する回答はもちろん誤回答になってしまうということである。それが、悪意のある攻撃主体によって学習させられた場合は、防ぐことは難しい。

すなわち、ＡＩを欺瞞《ぎまん》することが可能な一定の入力パターンがわかれば、ＡＩの行う動作や判断を一定方向に意図的に向けさせることや混乱を引き起こすことが可能であるということだ。

このようなＡＩを誤作動させるような攻撃がＡＩの安全な利用を行ううえでの課題であ

＊141　ロイター通信「ロシア、AI戦略を近く承認、西側の独占容認せず＝プーチン氏」〈https://jp.reuters.com/world/ukraine/7BEHWQGXORPOPLM43SLTXY3LGM-2023-11-24/〉

＊142　この項、佐々木孝博『近未来戦の核心サイバー戦――情報大国ロシアの全貌』（育鵬社）を基にしている

るが、これに関する研究は未だ進んでいないのが実情である。ＡＩを軍事活用する際の課題はここにある。

「ChatGPT」例のようなＡＩに対する攻撃手法は、すでに複数の種別が出現しており、その代表例について、三つ取り上げたい。

第一は、「回避攻撃」という手法である。この手法は、人間には認識できないノイズを入力することにより、本来のＡＩの目的とは異なる結果をもたらす攻撃法である。この代表例は、「パンダの画像にノイズを組み込むと、人間の目では引きつづきパンダと認識できる画像もＡＩではテナガザルと認識してしまった例」が挙げられる。

第二は、「中毒攻撃」という手法である。この手法は、不正データの入力により学習モデルの判断基準を変えてしまう攻撃法である。先述の「ChatGPT」の事例がこれに該当する。

第三に、「移転攻撃」という手法もある。この手法は、ＡＩへのデータの入出力やその結果の反応から、元データがどのようなものであったのかの機密情報を入手する攻撃法である。

いずれの手法も、ＡＩの特性を逆利用した脆弱性をついた攻撃法である。

次に課題として取り上げたいのが、自律型致死兵器（ＬＡＷＳ）の問題である。

再びロシアの例を挙げるが、彼らの定めた「ＡＩ発展戦略」では、国家機関によるＡＩの活用に関して〈国家および国民の安全の確保を目的とする機能を除いて、個人の意思決定の可能性をＡＩに基づいて機能する情報システムに、国家機能の遂行を委ねること（第49項）〉と記述している。

すなわち、国家安全保障の分野以外の国家機能に自律的な意思決定のできるＡＩを導入していきたいという施策を打ち出しているということである。

では、なぜ国家安全保障分野を除くとの但し書きを付しているのであろうか。それは、国家安全保障分野ではＬＡＷＳのような完全自律の軍事兵器が登場すると、国家の管理が行き届かないので、それを管理するための法規制が必要と感じはじめたということと推察できる。

そのようなスタンスが初めて垣間見えたのは、二〇一九年一一月のプーチン大統領の発言である。彼は、ＩＴイベントにおいて「ＡＩ発展のためには、倫理やモラルのルールというものが必要である。ロボティクスが発展しＡＩを搭載するようになると、人間の判断を介することが重要だ」と主張した。

この発言が行われるまでロシアは、いわゆるＬＡＷＳのようなＡＩ兵器の開発については、制限を設けることに否定的な行動をとっていたことが多かった。

この発言以降、一転して人間の一定の関与が必要だとの姿勢を打ち出してきた。つまりロシアは、軍事分野に関するＡＩ開発を強力に推し進める一方、それが国家の管理下におけない情勢になることを危惧《きぐ》しはじめたということなのであろう。ＡＩの軍事活用に関しては、ある種のジレンマをもっているとも言えるのかもしれない。

したがってロシアは、一義的には他国に先んじて、意思決定機能をもつ自律型兵器の開発を優先するものと考えられる。ただ開発過程で、国家の管理が行き届かないような脅威が判明した場合に備えて、核戦略やサイバー戦略等で行ったように、軍備管理条約などの国際枠組みにより、そのリスクを低減する施策を進めることに政策転換したものと推察される。

ただし、ロシアの意向が反映されない国際枠組みには賛同しないであろう。あくまで、「ロシアが有利になるための」という但し書き付きの国際枠組みを制定したいということである。

さらに、ＡＩの軍事活用で問題点として挙げたいのが、ＡＩ開発に関する国際規制などの国際枠組みがないことである。

二〇二三年二月一六日、米国は、オランダで開催されたＡＩの軍事利用に関する国際会議で、「ＡＩと自律性の責任ある軍事的利用に関する政治宣言」を提示した。米国が、ＡＩの軍事利用を巡る国際的な規範作りに乗り出したということだ。

ロシア・ウクライナ戦争ではこれまで触れたようにＡＩの軍事活用が進んでおり、自律性が高い兵器の使用により、人間が関与しない無秩序な状態になる脅威を危惧しはじめたと推察できる。

多くのＡＩの軍事活用は、ロシア・ウクライナ戦争前には研究開発段階にあるものが多かった。しかし、この戦争においては、ＡＩの軍事活用の実験場とも言える状況になっており、ＡＩは使用すればするほど機械学習を重ね、より高性能のＡＩに進展することになる。

今回のロシア・ウクライナ戦争では確認されていないが、人間が関与せずＡＩが自律的に目標を選択して攻撃するようなＬＡＷＳの使用も危惧される。ＡＩの自律的な判断で民間人を巻き込む攻撃や大量破壊などがあれば、深刻な問題が生起することになる。しかしながら、現在はそのようなＡＩ兵器を規制する国際枠組みや条約などは存在しない。

米国が示した政治宣言では「第一に、国際法に合致した形で軍事用ＡＩを使用すること。第二に、核兵器の使用は人間が完全な関与を維持すること。第三に、自国軍のＡＩ開発や使用に関する原則を公表すること」などを提言している。[*143]

ただし、前述のロシアのようにＬＡＷＳに関しては、さまざまな考えをもっている国が多く、以前から全面禁止を求める途上国や条約の規制は不要とする各国もあり、主張が異なっている。米国、中国やロシアはＡＩの軍事活用を巡り激しい競争を繰り広げている。米国（西側諸国）主導で、中国やロシアを巻き込んだ合意が形成されるか、さらには、国際枠組みが創設できるかについては引きつづき注視していく必要があるだろう。

最後に、二〇二三年一二月二二日に国際連合総会において、ＬＡＷＳについて、世界の安全保障に与える影響を懸念して、国際人道法の適用の必要性、軍拡競争などの懸念も盛り込んだ決議を行ったことを指摘したい。

この決議案はオーストリアが提案し、日米をはじめとして主要西側諸国など一五二ヶ国が賛成した。インドやロシアなど四ヶ国が反対し、中国やイスラエルなど一一ヶ国が棄権した。[*144]

ロシアは、先に触れたとおり、国家の管理が行き届かないことや人間の判断を介することのみが懸念事項で、それを大幅に超えたＡＩ開発そのものの制限を盛り込む可能性がある決議案には賛同できなかったものとみられる。先に触れた一一月末のプーチン大統領の発言内容を裏付けた形だ。

＊143　読売新聞「核使用は『人間が完全な関与を』ＡＩ軍事利用で国際ルール、米が各国に承認要請」〈https://www.yomiuri.co.jp/world/20230228-OYT1T50035/〉

＊144　読売新聞「ＡＩが敵を殺害する兵器、国連のルール作り決議にロシアとインド反対・中国とイスラエル棄権」〈https://www.yomiuri.co.jp/world/20231103-OYT1T50038/〉

## あとがき

江戸末期のペリー黒船艦隊から現在のロシア・ウクライナ戦争における無人艦隊まで、さまざまな技術革新を経て、また、多様な戦争・紛争を経て、軍艦というものは変化していった。本書では、その様子を時代を追って考察してきた。

ペリー黒船艦隊が来航するまでは、軍艦というものは帆船が主であった。その後、蒸気船というものが登場し、気象に左右されることなく自由に航行できるようになり、軍艦の行動範囲は全世界に広がっていった。

国益を達成するために海軍力を増強しようとする各国は、次々と新型の軍艦を建造していった。我が国も例外ではなく、明治新政府になってから富国強兵のスローガンのもと、海軍力を増強していった。

そのような状況下、朝鮮半島の権益を巡って、清国との対立が激化し、日清戦争に至った。日清戦争に際しては、清国海軍が世界に誇る巨艦「定遠《ていえん》」「鎮遠《ちんえん》」に対抗するため、日本海軍は三景艦「松島《まつしま》」「厳島《いつくしま》」「橋立《はしだて》」を建造した。三景艦は「定遠」「鎮遠」よりも大型の大砲を装備したが、艦の大きさに見合わない巨大な大砲を装備したため、十分にその能力を発揮することはできなかった。しかしながら、日本海軍は高速の艦艇を揃え、艦の艦隊運動を含めた運用法で清国海軍に勝り、日清戦争で勝利することができた。

日清戦争の戦後処理を巡って、次に我が国はロシアと対立を深めることとなる。日本海軍は、所謂《いわゆる》「六・六艦隊」（戦艦六隻・装甲巡洋艦六隻）を整備し、ロシアの太平洋艦隊とそれを支援するために差し向けられたバルチック艦隊と戦った。そして、日露戦争における日本海海戦が生起した。

日本海海戦でも日本海軍は運用の妙を見せつけ、来援してきたバルチック艦隊の主力艦のほとんどを撃沈するという、ほぼパーフェクトな戦いで勝利した。

この間の技術革新と軍艦の進化のキーワードは、「大砲の進化」「大砲の進化に伴う軍艦の大型化・高速化・戦術の変化」「攻撃力の増強に伴う防御力の進化」であり、換言すれば「いかに大きな艦でかつ強靱《きょうじん》な防御力をもつ艦を建造できるか」ということであった。

その後、世界各国は建艦競争へと向かっていった。そこで登場したのが英国海軍のドレッドノート型戦艦（弩《ど》級戦艦）およびそれを上回る超弩級戦艦である。各国は弩級戦艦、超弩級戦艦をこぞって建造していった。

第一次世界大戦を経て、英国に代わって新たな主要海軍国として台頭してきた米国が主体となって軍縮を進めることになった。「ワシントン海軍軍縮条約」と「ロンドン海軍軍縮条約」がそれである。前者では戦艦などの主力艦が、後者では補助艦艇が規制されることになった。戦艦などの最新の主力艦の建造が規制されたことから、航空母艦（空母）や潜水艦などの建造にも、各国は力を入れるようになった。それが、第二次世界大戦でドラスティックに戦い方を変えることになる。

建艦休止期間がしばらく続いたが、それに終止符を打ったのが我が国であった。昭和一一年（一九三六年）には軍縮条約から離脱し、世界は再び無制限な建艦競争に突入していった。各国とも制限がなくなったことにより、世界最大と呼ばれるような戦艦を建造した。その最たるものが、日本海軍が建造した世界最大の戦艦「大和《やまと》」型である。最大の戦艦を装備し、太平洋においては、米軍をも上回る海軍力を保有するようになった我が国は、大東亜戦争に突入していくことになる。

緒戦である「ハワイ作戦」「マレー沖海戦」「珊瑚海《さんごかい》海戦」などにおいて、日本海軍は空母機動部隊を全幅活用し、作戦を成功へと導いていった。

戦略・作戦上捨てきれていなかった、戦艦部隊による艦隊決戦を是とする「大艦巨砲主義」を自ら否定するような作戦を続け、海軍の主力が戦艦部隊から空母機動部隊へと変わったことを証明してしまったのである。

加えて、米国は空母機動部隊を効果的に運用するために、レーダー技術を深め、指揮通信能力を向上させ、近接信管などの新たな技術も積極的に取り入れ、日本海軍をほぼ壊滅させるに至った。

第二次世界大戦後、米国を中心とする西側自由主義諸国とソ連を中心とする東側社会主義諸国の対立のなかで、東西冷戦構造という時代が長く続いた。

冷戦期は、第二次世界大戦に引きつづき生起した「朝鮮戦争」や「ベトナム戦争」で改めて空母機動部隊の有用性が証明されたほか、主力の座を追われたと思われた戦艦や大型の巡洋艦にも、対艦・対地の長距離巡航ミサイルを搭載することで、再び注目が集まることとなった。

さらに、潜水艦の活躍も目立つようになり、これまで行われていた通商ルートをつぶすことや、敵水上艦艇に隠密に近接し撃破するといった任務に加え、核兵器の第二撃能力である「潜水艦発射弾道ミサイル」を搭載することで、核抑止の一翼を担う任務も付与されるようになった。

そうなると、各国は潜水艦脅威に対抗するために、艦はそれほど大きくなくても対潜へリコプターを搭載できる対潜駆逐艦・フリゲートを多く建造するようになった。

一方で、ソ連は米海軍の機動部隊に対抗するために大量のミサイルを搭載する大型巡洋艦や駆逐艦を建造するようになる。即ちソ連が考えたのが、「多数のミサイルを異方向から同時に攻撃すること」で空母機動部隊の対空対処能力を飽和させることだった。それにより空母を撃滅する作戦を企図しはじめたのだ。さらに米国はソ連の作戦に対抗するために、異方向からの複数同時攻撃に対応可能な「イージス艦」を産みだすことになる。

ソ連が崩壊しポスト冷戦期になると、新たな脅威がクローズアップされてきた。それが、米ソ以外の国々も保有するようになった弾道ミサイルの脅威である。そして、この弾道ミサイルの脅威に対抗するために、米国をはじめとする西側諸国は高度な能力をもつイージス艦を弾道ミサイルに対処できるように改修することとした。

また、ポスト冷戦期には防御面の技術革新も目立ってきた。それはレーダーに探知されにくい「ステルス艦」の建造である。これらの技術的な革新や戦争・紛争の経験を経て、現代の各種戦（対空戦、対水上戦、対潜戦、電磁波戦、情報戦、宇宙戦、機雷戦など）に対応できるように、各国海軍が最新の艦を建造し海軍力を構築しているのである。

そして、ここ数年の情勢から近未来戦における軍艦を見積ると、新たな技術革新を取り上げなくてはならないだろう。それが「無人化」と「AI化」である。

米軍では航空分野において、有人機と無人機の融合戦「モザイク戦」のコンセプトをもっている。このコンセプトを海洋における戦いにも適用しようとしている様子を窺《うかが》うことができるのである。このコンセプトの具現化に向けた運用試験のための無人化艦艇も実際に建造している。その一環として二〇二三年九月には、無人艦二隻が横須賀を訪問している。

米国以外に、まさに実戦で無人化艦艇により戦争を戦っている国がある。ウクライナである。二〇二二年一〇月から無人水上ビークル（USV）で黒海艦隊の艦艇を攻撃し、複数隻撃滅しているという成果を収めている。最近では、無人潜水ビークル（UUV）も開発し、無人化艦艇だけで編成される部隊を新編したことも明らかになっている。強大なロシア海軍黒海艦隊に対し、最新の無人化技術、AI化技術を駆使し、弱者の手法で強者の手足を縛るといった戦い方を実行し成果を収めていると言っていいだろう。

これが、近未来における海洋における戦いであり、今後出現する艦艇は、多かれ少なかれ無人化、AI化されたものが主力になっていくということは避けられないであろう。

このような歴史と現状認識および近未来予測が、本書の主眼である「近・現代戦における軍艦の進化」である。筆者は、海戦史については専門ではないので、前半部分は、学生時代に師事した野村實・元防衛大学校教授の先行研究などを中心にまとめてみた。この分野の専門の方々から見ると概要レベルであり物足りなさも感じられるかもしれないが、本書の主目的が軍事の専門家でなくても理解しやすいようにまとめることであったので御了承願えればと思う。

とくに興味を抱いていただけるように、筆者の実務経験で得たエピソードなどもできる限り組み込んでみた。読者の皆さんのご理解の参考となれば幸いである。

本書の成立にはさまざまな方々のご支援およびご協力があった。

とくに、最新の技術革新やロシア・ウクライナ戦争の分析などで、ディスカッションをお願いしている元陸上自衛隊東部方面総監の渡部悦和氏には心より感謝を申し上げたい。

また、本書執筆のきっかけをつくっていただき、本書の企画から出版まで多大なご支援とご指導を賜った育鵬社の田中亨氏にとくにお礼を申し上げたい。

そのほかにも、家族、同僚をはじめ数多くの方々からご支援とご教示を賜った。その皆様方すべてに深く感謝を申し上げたい。

二〇二四年四月

佐々木孝博

(ビーチング)によって、歩兵や戦車などを揚陸する艦種のこと

- MCM (Mine Countermeasures Ships) 対機雷戦艦艇
- NATO (North Atlantic Treaty Organization) 北大西洋条約機構　北米2ヶ国と欧州29ヶ国の計31ヶ国が加盟する北大西洋両岸にまたがる集団防衛機構のこと
- NGFS (Naval Gunfire Support) 対地支援射撃
- RCS (Radar Cross-Section) レーダー反射断面積
- SLBM (Submarine Launched Ballistic Missile) 潜水艦発射弾道ミサイル
- SS (Submersible Ship) 潜水艦 (潜水艦一般の艦種記号)「G」は「Guided missile (誘導ミサイル)」を、「N」は「Nuclear powered (原子力動力)」を付す場合もある
- SSBN (Strategic Submarine Ballistic Nuclear) 戦略弾道ミサイル原子力潜水艦　潜水艦発射弾道ミサイルを搭載した原子力潜水艦のこと。通称として戦略原潜とも呼称される
- SSGN (Guided Missile Submarine, Nuclear Powered) 巡航ミサイル原子力潜水艦　巡航ミサイルを搭載した原子力潜水艦のこと
- SSN　攻撃型原子力潜水艦　原子力動力の攻撃型潜水艦のこと。元々「攻撃型潜水艦」の略称が「SS」であったので、それに「N (Nuclear)」を付した
- OSINT (Open Source Intelligence) オシント　一般に公開されている情報源からアクセス可能なデータを収集、分析、決定する諜報活動
- PLAN (People's Liberation Army Navy) 中国人民解放軍海軍
- SAR (Search and rescue) 捜索・救難
- STOBAR (Short Take Off But Arrested Recovery) 短距離離陸拘束着陸　カタパルトの補助を受けずに、艦上機が自力で飛行甲板上を滑走して発艦する方式。スキージャンプ式の飛行甲板をもつ空母で運用することが多い
- STOL (Short Take-Off and Landing) 短距離離着陸機
- UAV (unmanned aerial vehicle) 無人航空機　人間が乗らず、コンピュータによる自動操縦、もしくは遠隔操作で飛行する航空機。「ドローン」とも呼ばれる
- USV (Unmanned Surface Vehicle) 無人水上ビークル　無人で航行できる航走体。「水上ドローン」とも呼ばれる
- UUV (Unmanned Underwater Vehicle) 無人潜水ビークル　無人で潜水航行できる航走体のうち遠隔操作を必要としないもの。状況に応じて、決められた潜航ルートからの逸脱や緊急浮上などの判断を行うことができる能力をもっており、「自律型無人潜水艇」「水中ドローン」などとも称される
- VTOL (Vertical Take-Off and Landing) 垂直離着陸機

## 本書で使用する略語

●略語（正式名称）、日本語名称、解説（要すれば）の順

●A2/AD（Anti-Accesse, Area-Denial）戦略、接近阻止／領域拒否戦略

●AAW（Anti-Air Warfare）対空戦

●ACTUV（Anti-Submarine Warfare Continuous Trail Unmanned Vehicle）対潜戦連続追尾無人ビークル　出港後は自律航行可能で、外洋に進出して長距離ソナーや最新のセンサーで潜水艦を捜索することが可能なビークル

●ASUW（Anti-Surface Warfare）対水上戦

●ASW（Anti-Submarine Warfare）対潜戦

●CIC（Combat Information Center）戦闘情報センター

●CTOL（Conventional Take-Off and Landing）通常離着陸機

●DARPA（Defense Advanced Research Projects Agency）国防高等研究計画局　米国国防省内部部局に位置しているが、大統領と国防長官の直轄組織。軍からの直接的な干渉を受けることなく、主として米軍が使用する新技術研究開発の管理を行っている組織

●DD（Destroyer）駆逐艦　駆逐艦を示す艦種類別記号。自衛隊では汎用護衛艦の略号

●DDG（Guided missile destroyer）対空ミサイル駆逐艦（護衛艦）　対空戦を重視して艦対空ミサイル（SAM：Surface-to-Air Missile）を搭載した駆逐艦。自衛隊では対空ミサイル搭載護衛艦の略号

●DDH（Helicopter Destroyer）　ヘリコプター搭載護衛艦　海上自衛隊では護衛艦を、駆逐艦を意味する「Destroyer」に区分し、さらに、多数のヘリコプターを搭載できる護衛艦にはヘリコプターの「H」を付し、DDHとした

●FFM（Multipurpose Frigate）多機能（機雷戦能力を含む）フリゲート（護衛艦）　フリゲート（駆逐艦より小型の艦艇）を表す「FF」に、機雷（Mine）や多用途性（Multipurpose）を意味する「M」を加えたもので、海上自衛隊独自の艦種

●INS（Inertial Navigation System）慣性誘導装置　潜水艦・航空機やミサイルなどに搭載される装置で、外部から電波による支援を得ることなく、搭載するセンサーのみによって自らの位置や速度を算出する装置

●ISR（Intelligence, Surveillance and Reconnaissance）情報・監視・偵察　軍事活動で、戦闘に必要とされる主要な三つの活動

●LAWS（Lethal Autonomous Weapons Systems）自律型致死兵器　人間の関与なしに自律的に攻撃目標を設定することができ、致死性を有する「自律型兵器」のこと

●LCAC（Landing Craft Air Cushion）エア・クッション型揚陸艇　米海軍と海上自衛隊で使用されているエア・クッション型の上陸用舟艇

●LST（Landing Ship, Tank）戦車揚陸艦（海上自衛隊では「輸送艦」）人員や物資の揚陸を目的とする揚陸艦のうち 、揚陸艦自体が直接海岸に乗り上げること

## 参考文献（Ｗｅｂ閲覧はすべて二〇二四年一月三一日確認）


（日本語文献）

宇垣大成「復活した『対艦巨砲』・戦艦アイオワ級（米）」『兵器最先端３――大洋艦隊』（読売新聞社）

江畑謙介「大洋艦隊の戦略的価値」『兵器最先端３――大洋艦隊』（読売新聞社）

岡部いさく「現代空母の潮流――Ｖ／ＳＴＯＬ空母」『兵器最先端３――大洋艦隊』（読売新聞社）

外務省「日本外交文書デジタルコレクション 一九三五年ロンドン海軍会議　経過報告書」
〈https://www.mofa.go.jp/mofaj/annai/honsho/shiryo/archives/st-7.html〉

木津徹「艦隊防空の革命児・イージス艦」『兵器最先端３――大洋艦隊』（読売新聞社）

久保正敏「ソ連海軍戦略の形成過程とその特質」『拓殖大学 機関リポジトリ』
〈https://takushoku-u.repo.nii.ac.jp/?action=repository_action_common_download&item_id=125&item_no=1&attribute_id=20&file_no=1〉

剣影散史『軍神広瀬中佐壮烈談』（東京大学館）国立国会図書館デジタルコレクションＨＰ
〈https://dl.ndl.go.jp/pid/781917/1/123〉

国立公文書館『海軍軍備制限ニ関スル条約・御署名原本・大正十二年・条約第二号（御14651）』
〈https://www.digital.archives.go.jp/das/image/F0000000000000028860〉

坂本明『最強　世界の戦闘艦艇図鑑』（学研パブリッシング）

国立国会図書館「史料にみる日本の近代　第３章大正デモクラシー」
〈https://www.ndl.go.jp/modern/cha3/description17.html〉

佐々木孝博「近未来戦の核心サイバー戦――情報大国ロシアの全貌」（育鵬社）

在ニューヨーク日本国総領事館ＨＰ「咸臨丸の太平洋横断の話」
〈https://www.ny.us.emb-japan.go.jp/150th/html/kanrinmaru.htm〉
椎野八束（編）『日本海軍艦艇』（新人物往来社）
時事通信社「米軍無人水上艦が日本初寄港、カリフォルニアから自律航海」
〈https://www.jiji.com/jc/article?k=2023092100892&g=int〉
下田市『下田開国博物館パンフレット』
下田市ＨＰ「プチャーチンの来航」
〈https://www.city.shimoda.shizuoka.jp/category/100400shimodanorekishi/110777.html〉
下関市『日清講和記念館パンフレット』
世界の艦船『世界の艦船４月号増刊――世界の海軍２０１９―２０２０』（海人社）
太平洋戦争研究会編、森山康平著『日本海軍がよくわかる事典――その組織、機能から兵器、生活まで』
（ＰＨＰ文庫）
丹下博也「ロシア連邦の海洋ドクトリン」『笹川平和財団ＨＰ』
〈https://www.spf.org/oceans/analysis_ja02/b150902.html〉
勅使河原剛「ソ連艦艇の建造思想」『兵器最先端３――大洋艦隊』（読売新聞社）
土門周平「早期戦争終結をめざし米戦艦群を撃滅す」『【山本五十六】常在戦場の生涯と連合艦隊』
土門周平「熾烈なる消耗戦の中、陣頭にて壮烈なる戦死を遂ぐ」『【山本五十六】常在戦場の生涯と連合艦隊』
日本財団図書館「日露友好一五〇周年記念特別展『ディアナ号の軌跡』報告書　第一章 ディアナ号の来航、第三章
日露和親条約の締結」〈http://nippon.zaidan.info/seikabutsu/2004/00561/contents/0005.htm〉
〈https://nippon.zaidan.info/seikabutsu/2004/00561/contents/0016.htm〉

野村實『海戦史に学ぶ』（祥伝社新書）
野村實「対外戦略の狭間に揺れた帝国海軍の組織と戦略」『【山本五十六】常在戦場の生涯と連合艦隊』（学習研究社）
平間洋一「世界の海軍戦略思想を変革した太平洋上の日米のバトル」『【山本五十六】常在戦場の生涯と連合艦隊』
平間洋一「建艦思想に見る海上防衛論―フランス海軍編」〈http://hiramayoihi.com/yh_ronbun_kenkan_f_i.html〉
福田潤一「米海軍の新建艦計画と新戦略を読む」『笹川平和財団ＨＰ』〈https://www.spf.org/iina/articles/fukuda_03.html〉
「ブリタニカ国際大百科事典 小項目事典」『砲艦外交』〈https://kotobank.jp/word/%E7%A0%B2%E8%89%A6%E5%A4%96%E4%BA%A4-131854〉
防衛省「国家安全保障戦略」・「国家防衛戦略」・「防衛力整備計画」〈https://www.mod.go.jp/j/policy/agenda/guideline/index.html〉
防衛装備庁「研究開発ビジョンについて」〈https://www.mod.go.jp/atla/soubiseisaku_vision.html 〉
三笠保存会『世界三大記念艦「みかさ」パンフレット』
水野民雄「対潜戦（ＡＳＷ）の切り札・対潜ヘリコプター」『兵器最先端３――大洋艦隊』（読売新聞社）
水野民雄「無敵、米空母機動艦隊」『兵器最先端３――大洋艦隊』（読売新聞社）
ミリレポ「ウクライナ海軍、世界初の無人艇艦隊創設へ、ＵＳＶ購入のため資金を募る」『ミリレポ』〈https://milirepo.sabatech.jp/ukrainian-navy-seeks-funding-to-buy-usvs-to-create-worlds-first-fleet-of-unmanned-boats/〉
山崎眞「米海軍戦略と海上自衛隊――第３７４回水交定例講演会（18・4・25）講演記録」『水交会ＨＰ』〈https://suikoukai-jp.com/suikoukai/wp-content/uploads/2014/11/592yamazaki.pdf〉

横須賀市『ペリー公園（記念館）パンフレット』
横田博之「ソ連海軍史上最強艦キーロフ級」『兵器最先端3――大洋艦隊』（読売新聞社）
読売新聞オンライン「ウクライナ無人艇、ロシア海軍基地を攻撃…大型揚陸艦から黒い液体」
〈https://www.yomiuri.co.jp/world/20230805-OYT1T50170/〉
読売新聞オンライン「核使用は『人間が完全な関与を』ＡＩ軍事利用で国際ルール、米が各国に承認要請」〈https://www.yomiuri.co.jp/world/20230228-OYT1T50035/〉
読売新聞オンライン「ＡＩが敵を殺害する兵器、国連のルール作り決議にロシアとインド反対・中国とイスラエル棄権」〈https://www.yomiuri.co.jp/world/20231103-OYT1T50038/〉
読売テレビニュース「ウクライナ海軍に新部隊創設〝無人艇攻撃〟に特化か」
〈https://www.ytv.co.jp/press/international/detail.html?id=41dfaf629cf84d51b673982bdb523b1b〉
ロイター通信「ロシア、ＡＩ戦略を近く承認、西側の独占容認せず＝プーチン氏」
〈https://jp.reuters.com/world/ukraine/7BEHWQGXORPOPLM43SLTXY3LGM-2023-11-24/〉
渡部悦和、佐々木孝博『現代戦争論――超「超限戦」』（ワニブックスＰＬＵＳ新書）
ＢＢＳ「ウクライナ、水上ドローンでロシア艦を攻撃と、黒海主要港で」（翻訳版）
〈https://www.bbc.com/japanese/66414042〉
Spencer Ackerman「米軍が開発を進める対潜無人艦（ＡＣＴＵＶ）」『Wired』（翻訳版）
〈https://wired.jp/2013/01/07/actuv/〉

**（英語文献）**

David Axe, Ukraine Has A Drone Submarine. Russia Isn't Ready For It, Forbes, 〈 https://forbesjapan.com/

articles/detail/66377〉

COMSEVENTHFLT, Unmanned Surface Vessel Division One Makes Its First Port Visit in Yokosuka, Japan, 〈 https://www.c7f.navy.mil/Media/News/Display/Article/3532868/unmanned-surface-vessel-division-one-makes-its-first-port-visit-in-yokosuka-jap/〉

DARPA, DARPA Tiles Together a Vision of Mosaic Warfare, 〈https://www.darpa.mil/work-with-us/darpa-tiles-together-a-vision-of-mosiac-warfare〉

Fabian-Lucas Romero Meraner, China's Anti-Access/Area-Denial Strategy, Defence Horizon Journal, 〈https://www.thedefencehorizon.org/post/china-a2ad-strategy〉

Naval Technology, Ghost Fleet Overlord Unmanned Surface Vessels, USA 〈https://www.naval-technology.com/projects/ghost-fleet-overlord-unmanned-surface-vessels-usa/〉

Naval Technology, REMUS 300 Unmanned Underwater Vehicle（UUV）, 〈https://www.naval-technology.com/projects/remus-300-unmanned-underwater-vehicle-uuv/〉

Naval Technology, Sea Hunter ASW Continuous Trail Unmanned Vessel（ ACTUV ）, 〈 https://www.naval-technology.com/projects/sea-hunter-asw-continuous-trail-unmanned-vessel-actuv/〉

**（ロシア語文献）**

**Совет Безопасности Российской Федерации, Морская доктрина Российской Федерации,**（ロシア連邦安全保障会議「ロシア連邦海洋ドクトリン」）〈http://www.scrf.gov.ru/security/military/document34/〉（ロシア・ウクライナ戦争の影響で現在アクセス不可）

## 佐々木孝博（ささき たかひろ）

元海将補。広島大学法学部客員教授、東海大学平和戦略国際研究所客員教授、明治大学サイバーセキュリティ研究所客員研究員、平成国際大学法学部非常勤講師、日本安全保障戦略研究所研究員、博士（学術）〔広島大学〕。1986（昭和61）年、防衛大学校（電気工学）卒業後、海上自衛隊に入隊。米海軍第3艦隊司令部連絡官、オーストラリア海軍幕僚大学留学、護衛艦ゆうべつ艦長、在ロシア日本国大使館防衛駐在官、第8護衛隊司令、統合幕僚監部サイバー企画調整官、指揮通信開発隊司令、下関基地隊司令などを経て、2018年防衛省退職。著書に『近未来戦の核心サイバー戦――情報大国ロシアの全貌』（育鵬社）、共著に『現代戦争論－超「超限戦」』『ロシア・ウクライナ戦争と日本の防衛』（以上、ワニブックス【PLUS】新書）、『プーチンの「超限戦」』（ワニ・プラス）、『ネット世論操作とデジタル影響工作』（原書房）、『グローバルシフトと新たな戦争の領域』（東海教育研究所）などがある。

扶桑社新書499

# 軍艦進化論
## ――ペリー黒船艦隊から
## ウクライナ戦争無人艦隊まで

発行日 2024年5月1日　初版第1刷発行

著　　者………佐々木 孝博
発 行 者………小池 英彦
発 行 所………株式会社 育鵬社
〒105-0022 東京都港区海岸1-2-20 汐留ビルディング
電話 03-5843-8395(編集) http://www.ikuhosha.co.jp/
株式会社 扶桑社
〒105-8070 東京都港区海岸1-2-20 汐留ビルディング
電話 03-5843-8143(メールセンター)
発　　売………株式会社 扶桑社
〒105-8070 東京都港区海岸1-2-20 汐留ビルディング
(電話番号は同上)

装　　丁………新 昭彦(ツーフィッシュ)
帯 写 真………防衛省HP
DTP制作………株式会社 ビュロー平林
印刷・製本………中央精版印刷 株式会社


Printed in Japan　ISBN 978-4-594-09680-9